转基因农产品基本常识读本

王立辉　吴有志　王滨生　主编

中国农业科学技术出版社

图书在版编目（CIP）数据

转基因农产品基本常识读本 / 王立辉，吴有志，王滨生主编. —北京：中国农业科学技术出版社，2020. 7（2022.12 重印）
（乡村振兴之农民素质教育提升系列丛书）
ISBN 978-7-5116-4851-8

Ⅰ. ①转…　Ⅱ. ①王…②吴…③王…　Ⅲ. ①转基因食品-农产品-基本知识　Ⅳ. ①S37

中国版本图书馆 CIP 数据核字（2020）第 117489 号

责任编辑　徐　毅　周　朋
责任校对　李向荣

出 版 者　中国农业科学技术出版社
北京市中关村南大街 12 号　邮编：100081
电　　话　(010)82106631(编辑室)　(010)82109702(发行部)
(010)82109709(读者服务部)
传　　真　(010)82106631
网　　址　http://www.castp.cn
经 销 者　各地新华书店
印 刷 者　北京建宏印刷有限公司
开　　本　850 mm×1 168 mm　1/32
印　　张　4. 75
字　　数　103 千字
版　　次　2020 年 7 月第 1 版　2022 年 12 月第 4 次印刷
定　　价　26. 00 元

《转基因农产品基本常识读本》

编　委　会

主　编：王立辉　吴有志　王滨生

副主编：王彦霞　王　崇　刘晓岚　宋　芸
李俊明　王晓萍

编　委：杨　添　白生贵　吴　成　卢炜炜
金守信　孙启振　于丽丽　马庆融
贺振营　张海东　陆亚敏　于亚红
范维礼　王金环

前　言

自 1983 年第一株转基因植物问世以来，已有数十种乃至上百种转基因植物在世界各地的实验室中诞生，涉及作物种类包括大豆、玉米、马铃薯、棉花等。尽管转基因技术受到很多国家的重视和积极研究，但大多数人对转基因产品的安全性仍存在着很多疑惑。转基因是什么？转基因技术到底是一种什么样的技术？哪些农产品可能是转基因产品？食用转基因产品是否安全？这些话题，与我们的生活密切相关，需要我们关注和了解。

本书编者在参考众多转基因产品文献资料的基础上，以事实为依据，本着严谨科学的态度，以通俗易懂的语言，从多个角度对转基因产品进行了深入浅出的解读，希望读者能够理性地看待转基因技术和产品。本书主要内容包括基因与转基因技术、转基因植物、转基因动物、转基因的法律与法规、转基因的安全评价等。

由于时间仓促，水平所限，书中难免存在不足之处，欢迎广大读者批评指正。

编　者

2020 年 4 月

目　　录

第一章　基因与转基因技术

第一节　基因与转基因概述

一、基因的本质

在丰富多彩的动物、植物、微生物等生命有机体中，均存在着一种被称为“基因”（gene）的遗传因子，它的神奇之处在于能够通过特定的途径控制生物个体的性状表现。具有双螺旋结构的脱氧核糖核酸（DNA）分子是生命有机体遗传信息的载体，基因就是一段具有遗传效应的 DNA 片段，它是控制生物性状的功能单位和结构单位。

1. 性状是由基因控制的

中心法则（图 1-1）是指遗传信息从 DNA 传递给 RNA，再从 RNA 传递给蛋白质，即完成遗传信息的转录和翻译的过程。遗传信息也可以从 DNA 传递给 DNA，即完成 DNA 的复制过程。这是所有有细胞结构的生物所遵循的法则。某些病毒的 RNA 自我复制（如烟草花叶病毒等）和某些病毒以 RNA 为模板逆转录成 DNA 的过程（某些致癌病毒）是对中心法则的补充。

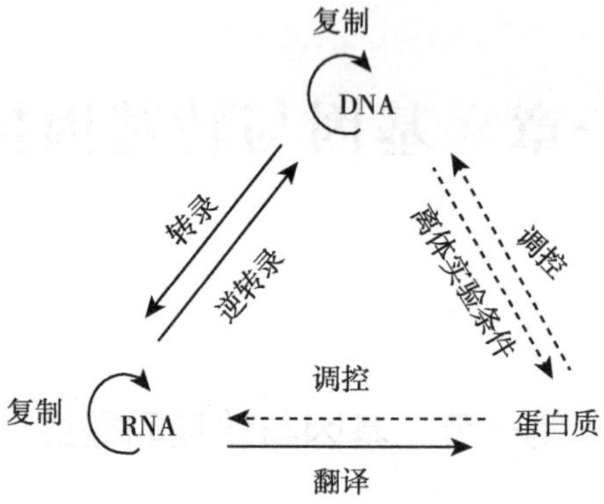

图 1-1　中心法则

2. 基因对性状的控制途径

基因对性状的控制有两条主要途径：一是，通过控制各种生物酶的合成来控制生化代谢过程，进而控制生物体的性状；二是，通过控制结构蛋白质分子来直接控制性状。生物体内的所有功能蛋白质和酶都是由相应的基因编码的。

3. 染色体及染色体的发现

真核细胞的染色体位于生物的细胞核内，是由 DNA 双链缠绕组蛋白后经多次螺旋折叠而成的条状结构，能用碱性染料染色。每一条染色体上只有一个 DNA 分子。约在 19 世纪中叶，人们从植物的花粉细胞中发现了一些丝状和粒状的东西，但当时并没意识到这就是染色体。直到 1879 年德国生物学家弗莱明把细胞核中的丝状和粒状物质，用染料染红并观察，发现这些东西平时松散地分布在细胞核中，但当细胞分裂时，散漫的染色物体便浓缩，形成一定数目和有一定形状的条状物，到分裂完成时，条状物又散开为松散状，后来科学家就把这种能被染色的条状物称为染色体。

4. 基因突变

基因除了能忠实地复制自己以保持生物体的基本特征之外，还能够发生“基因突变”，即由于 DNA 分子中发生脱氧核苷酸的插入、缺失或改变，而引起基因的改变。绝大多数突变对生物体是不利的，使生物体死亡或者被淘汰，也有极少数会增强生物适应性，成为生物进化的源泉。基因突变作为生物进化的重要因素之一，既在自然界中广泛存在，也可以由人工诱导所致，如通过放射性元素辐射育种培育出作物突变新品种。科研人员常利用基因突变为生产实践服务。

二、转基因技术

1. 转基因技术概述

转基因技术又称重组 DNA 技术、遗传工程或基因工程，其主要原理是按照人们的意愿，将某种生物的基因（外源基因）进行人工分离和体外重组后，导入另一种生物体的基因组中，有目的地改变后者的遗传性状。经转基因技术修饰的生物体在媒体上常被称为遗传修饰过的生物体（GMO），主要包括转基因植物和转基因动物两个大类。

在 20 世纪 70 年代，美国科学家伯格首次将来自于两个不同物种的 DNA 片段接合在一起，创造了重组的 DNA，为转基因技术奠定了重要基础，并因此获得了 1980 年诺贝尔化学奖。1983年，世界上第一例转基因植物（烟草）在美国问世。在此后短短20多年时间里，转基因技术的研究和应用就得到了非常迅猛的发展。目前，转基因技术已成为生命科学前沿的热点领域之一，被誉为人类文明高度发达和科学技术快速进步的标志。

【小知识】

复杂的重组DNA技术

重组DNA技术能在体外把特定的外源基因整合到载体上，并使之在受体细胞中增殖和表达。因此该技术不受物种亲缘关系限制，为遗传育种和分子遗传学研究开辟了崭新的途径。该技术一般包括4步：①分离外源DNA片段；②连接外源DNA片段与载体DNA分子；③将重组DNA分子导入宿主细胞；④选出含有所需要的重组体DNA分子的宿主细胞。这看起来比较简单，但DNA分子是很小的，其直径只有五百万分之一厘米，要对其进行切割与缝合离不开“分子剪刀”和“分子针线”。对DNA的切割与缝合，与医院外科手术室里的肉眼开刀完全是两码事，因此基因工程又被称为“超级显微工程”。

2. 转基因技术与传统育种技术的联系

转基因技术是农业育种技术的一个新方法和新发展。此外，还有很多其他育种方法。例如传统杂交、分子标记育种、选择育种等方法。自人类从事农耕以来，我们的祖先就从未停止过对作物的遗传改良。过去的几千年里，农作物改良的方式主要是对自然突变产生的优良基因和重组体的选择和利用，通过随机和自然的方式来积累优良基因。遗传学创立后近百年的动植物育种则是采用人工杂交的方法，进行优良基因的重组和外源基因的导入而实现遗传改良。

因此，转基因技术与传统育种技术在原理上是一脉相承的，其本质都是通过获得并聚合优良基因对物种进行遗传改良。但在基因转移的范围和效率上，转基因技术与传统育种技术有重要的区别。在转移的范围方面，传统育种技术一般只能在同种生物个体间（不同种生物个体间一般存在生殖隔离，即不能交配，或虽能交配但不能产生后代）实现基因转移；而转基因技术所转移的基因则不受生物体间亲缘关系的限制，如可以将动物、微生物的若干个基因转移到植物中等。在转移的效率方面，传统的杂交和选择技术一般是在生物个体水平上进行，操作对象是整个基因组，所转移的是成千上万的基因，既包括需要的基因，也包括不需要甚至有害的基因，难以准确地对某个基因进行操作和选择，对后代的表现预见性较差，要剔除那些不需要的基因需要很长时间去筛选。转基因技术转移的则是一个或几个结构清晰、功能明确的基因，能精准地预测和清晰地评价其后代的表现和安全性。因此，转基因技术是对传统育种技术的发展和补充。将转基因技术和传统育种技术紧密结合，可相得益彰，大大提高动植物品种改良的效率。传统育种技术与转基因技术特点的比较示意图，如图 1-2 所示。

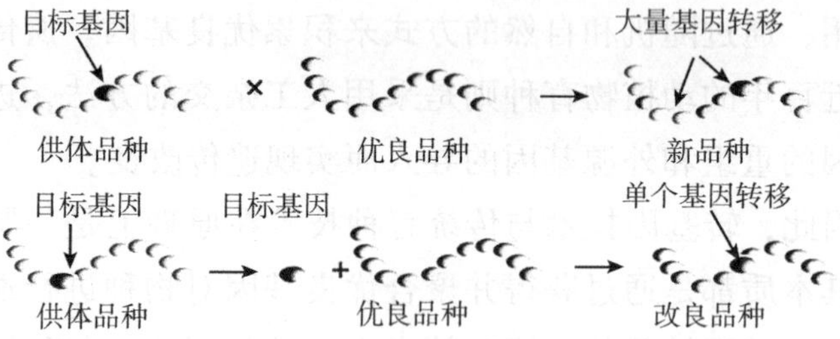

传统育种技术（上）：又称杂交育种，是染色体水平上的整个基因组的交换，无安全评估。

转基因技术（下）：定向改造，对表达的性状预见性强，对可能产生的风险通过安全评估进行控制，安全性更高。

图 1-2　传统育种技术与转基因技术特点的比较示意图

【小知识】

人类对玉米的遗传改良

玉米是人类最早开始栽培的作物之一，原产于中南美洲，栽培历史近万年，其祖先在学界多有争论，目前被普遍接受的观点是玉米在大约9 000年前由小颖类蜀黍驯化而来。今天我们吃的玉米和几千年前的玉米在形态和基因组上已经有了很大的不同，它们早已不是数千年前甚至是1 000年前的“原生态作物”了，而是经过千百年人工选育、大幅度“改头换面”的栽培品种。科学家研究发现，现在的品种比最初的品种改变了1 200多个基因。改良后的品种在形态、口味、营养、品质、产量等方面都要比它的“先辈”好。

第二节　几种常用的作物转基因方法

作物转基因的方法按其是否需要通过组织培养和再生植株可大致分成两大类：一类需要通过组织培养再生植株，常见的方法有农杆菌介导转化法、基因枪介导的转化法；另一类方法不需要通过组织培养，比较常见的有花粉管通道法。

一、农杆菌介导转化法

根癌农杆菌是普遍存在于土壤中的一种细菌，它能在自然条件下感染大多数双子叶植物的受伤部位，并诱导产生肿瘤。根癌农杆菌中含有 Ti 质粒，其上有一段 T-DNA，能诱导植物产生肿瘤。“T”是英文“transfer”的首字母，意为“转移”。农杆菌通过侵染植物伤口进入细胞后，可将 T-DNA 插入植物基因组中（图 1-3）。因此，农杆菌是一种天然的植物遗传转化系统。

人们将目的基因插入经过改造的 T-DNA 区，借着农杆菌感染，实现外源基因向植物细胞的转移与整合，然后通过细胞和组织培养技术，筛选出转化的受体细胞并再生出转基因植株。农杆菌介导法起初只被用于双子叶植物中，近年来农杆菌介导转化在一些单子叶植物（如水稻）中也得到了广泛应用。

二、基因枪介导的转化法

基因枪介导的转化法（图 1-4）是另外一种常见的基因

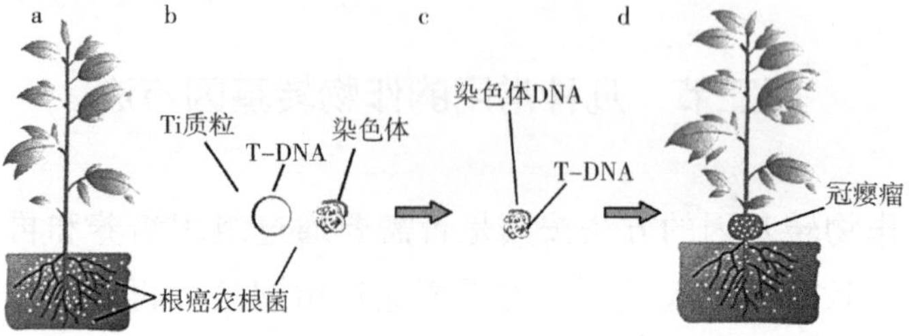

a. 农杆菌进入植物中的伤口，通常是在根颈部或根茎之间；

b. 农杆菌在巨大的染色体之外还含有 Ti 质粒，Ti 质粒上具有促进肿瘤形成的 T-DNA；

c. Ti 质粒上的 T-DNA 整合到植物细胞的染色体 DNA 上；

d. T-DNA 导致冠瘿瘤的形成

图 1-3　农杆菌侵染作物示意图

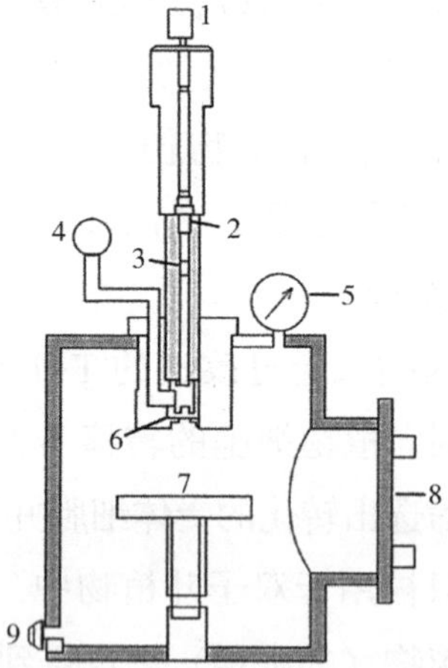

1. 点火装置；2. 火药；3. 子弹和微粒；4. 不可逆排气阀；5. 真空表；6. 挡板；7. 样品台；8. 门；9. 抽真空阀

图 1-4　基因枪介导转化法工作装置示意图

导入技术，它利用火药爆炸或高压气体加速（这一加速设备被称为基因枪），将目的基因随着高速微弹直接送入完整的植物组织和细胞中，然后通过细胞和组织培养技术筛选出转化细胞并再生出转基因植株。与农杆菌介导的转化方法相比，基因枪法的一个主要优点是受体植物范围广（可适用于农杆菌介导法难以转化的一些单子叶植物），而且其载体质粒的构建也相对简单，因此也是目前转基因研究中应用较为广泛的一种方法。

三、花粉管通道法

花粉管通道法是我国学者周光宇于 20 世纪 80 年代初期提出的。其主要原理是：在作物的雌蕊被授粉后，利用微型注射器向花粉管顶端注射含目的基因的 DNA 溶液，让外源 DNA 搭乘植物在开花、受精过程中形成的花粉管通道这辆顺风车，进入到子房的胚珠中。随着受精卵细胞的不断分裂，目的基因就有机会被整合到受体细胞的基因组中，随着受精卵的发育而生长成为带目的基因的新个体。以下为应用花粉管通道法进行棉花转基因的流程示意图（图 1-5）。

我国目前推广的转基因抗虫棉中的一部分品种就是用花粉管通道法培育出来的。该法的最大优点是不依赖组织培养人工再生植株，技术简单，不需要装备精良的实验室，常规育种工作者易于掌握。

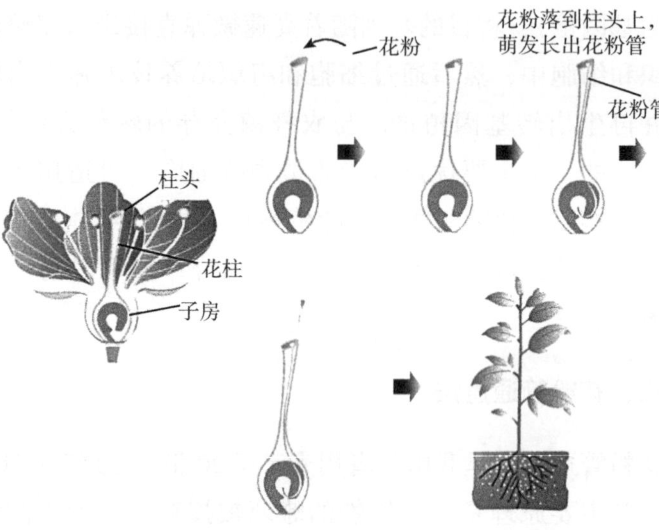

图 1-5　应用花粉管通道法进行棉花转基因的流程示意图

第三节　转基因技术的发展

一、转基因技术的用途

转基因技术的用途可以分为两大类：一类是添加功能，即通过基因的导入使受体生物获得它原本不具有的性状，如通过转入抗虫基因使植物抗虫，转入抗病基因使受体抗病等。目前的转基因育种研究大多属于这一类。另一类是抑制功能，即通过基因的导入使受体的某种功能受到抑制，而改变性状表现。例如，现已知道我国籼稻品种品质差的一个主要原因是其直链淀粉含量太高，而直链淀粉含量过高则是由该品种中蜡质基因的高活性所造成的。利用转基因技术，部分地抑制蜡质基因的表达活性可有效地降低直链淀粉含量，从而改良米质。

二、转基因技术未来的发展方向

转基因技术正以前所未有的速度迅猛发展，在作物育种、医药、畜牧业、渔业、食品工业、环保等领域研究和应用广泛，对社会经济发展和人们生活产生着深远的影响。

一方面，就植物遗传改良领域而言，转基因技术呈现以下几个发展趋势：一是，在植物中的应用范围和深度不断增加；二是，转基因作物所导入的外源性状由“单抗”逐渐向“双抗”或“多抗”发展，如由单一的抗虫或抗除草剂向同时抗虫、抗病、抗除草剂、抗逆境发展；三是，转基因作物由增强抗性逐步向改善品质以及增加附加功能方向发展，如提高营养元素含量、降低过敏原和毒素含量以及充当药用作物、生物燃料作物、降解环境有害物质作物等；四是，开发的转基因食品逐渐增多。

另一方面，针对自身的不足，转基因技术也需要不断完善，其发展新趋势有以下几种。

1. 无标记转基因技术，进一步降低安全性风险

利用标记基因来筛选成功导入目的基因的受体细胞，为转基因操作提供了便利。但是完成筛选之后，标记基因就变

得多余，也容易引起人们对其安全性的争议。因此，使用无标记转基因技术，有助于进一步降低安全性风险。

2. 通过质体转化，转基因不随花粉传播

质体包括叶绿体和线粒体。子代的质体都是由母本遗传而来，而不像细胞核那样来自亲本（父母）两方。如果把外源基因整合入质体，就不会通过花粉等途径扩散到其他种群中，减少对生态环境和生物多样性的潜在危害。

3. 多基因转化，多性状同步改良

生物体的绝大多数性状和生理功能都是依靠多个基因的协调表达而实现的。但是由于现有技术条件的限制，多基因转化还存在一定的困难。

4. 组织特异性表达，在食用部位无转基因产物

例如，培育出组织特异性表达的抗虫水稻，可让植株仅在茎秆和叶片等受到昆虫取食的部位产生杀虫蛋白，在胚乳等食用部位中不产生杀虫蛋白。这样就可以消除部分人群对食用转基因产物的安全性顾虑。

三、对转基因技术风险性的认识

就像核技术、信息技术和航天技术一样，作为一项提高人类改造自然能力的先进技术，转基因技术本身是中性的，因此并无安全或不安全之说。在具体运用转基因技术的过程中，转入什么样的外源基因或者采用何种程度的控制措施，决定着转基因生物的安全性。人们可以通过改进转基因技术使相应的转基因生物和食品更安全。

同时，风险性是一个相对的概念，世界上并没有绝对无风险的东西，使用转基因技术当然也会存在风险性。但是，有社会责任感的科学家在运用转基因技术造福人类的时候，总会尽力量化风险，努力降低风险发生的概率。这就好比在生活中驾车出行，会存在发生交通事故的风险，驾驶者如果采取了定期对汽车进行安全检查、提高驾驶技术、保持足够的睡眠、遵守交通规则等措施，则可以在享受驾车所带来的便捷和舒适的同时，大大降低发生交通事故的概率。许多科学家认为，人们在分析转基因技术有可能带来哪些风险的时候，不能忽视、延缓或禁止发展生物技术所引发的风险。对发展中国家来说，如果在转基因技术的发展上无所作为、错失良机，自己的市场就会被别人占领，这才是最大的风险。

【小知识】

2008 年 9 月 30 日，中国国务院总理温家宝接受美国《科学》杂志主编布鲁斯·艾伯茨（Bruce Alberts）的专访时表示：

在 10 年前没有用转基因抗虫棉的时候，棉铃虫泡在农药里都死不掉。自从我们实施了棉花转基因工程后，棉花不仅抗虫害能力增强，而且产量也提高了。因此，我力主大力发展转基因工程，特别是最近发生的世界性粮食紧缺更增强了我的信念。(来源：新华社北京 10 月 17 日电)

2010 年 2 月 7 日，袁隆平接受新华社记者采访时表示：

虽然中国杂交水稻技术目前在国际上领先，但如果不加强分子育种技术研究，短则 5 年、长则 10 年，中国的杂交水稻技术就要落后于国际水平了。今后利用生物技术开展农作物育种是农业科技的发展方向和必然趋势，转基因技术是分子技术中的一类，因此必须加强转基因技术的研究和应用，没有技术就没有地位。对待转基因产品，科学慎重的态度并不是拒绝的态度。(来源：新华网长沙2月7日电)

第二章　转基因植物

第一节　转基因植物的发展概况和发展历程

一、转基因植物的发展概况

1. 什么是转基因植物

转基因植物通常是把从其他植物、微生物或动物基因组中分离出来的目的基因和调控元件整合后，通过有效的转基因方法转移到目的植物基因组中，使之稳定遗传并赋予植物新的农艺性状或实现改良的目的，如可使转基因植物具有抗虫、抗旱、高产、抗病特性，也可实现油酸含量提高、维生素含量提高或花色改变等目的。

2. 全球转基因植物种植概况

自1996年转基因延熟番茄被批准商业化种植以来，转基因作物的研发和种植得到了突飞猛进的发展。根据国际农业生物技术应用服务组织（ISAAA）的统计数据，截至2014年年底，全世界已有来自28个国家1 800万农民种植了转基因作物，且种植面积从零一跃发展为超过1.82亿公顷，比2013

年增加了630万公顷，增长了3.48%。目前，转基因技术被视为发展最快和应用最快的高科技产业（图2-1）。

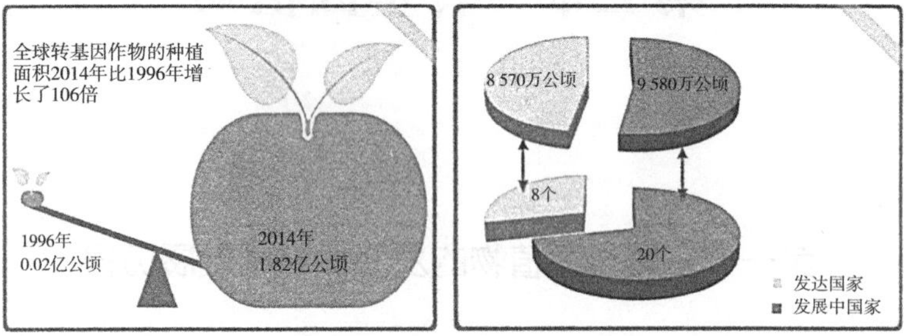

图2-1　全球转基因作物的种植情况

随着现代生物技术的迅速发展，植物转基因技术方兴未艾，至今全世界已有35科120多种植物转基因获得成功，有30个国家批准数千例转基因植物进入田间试验，涉及的植物种类有40多种。根据英国咨询公司PGEconomic的相关数据统计，1996—2011年，在转基因作物发展的16年间，全球农场总收入982亿美元，其中，480亿美元（49%）的收益是由虫害和草害压力降低所带来的增产收益。与此同时，农药施用量的减少也使能源消耗不断下降。

3. 主要的转基因植物种植比例

目前全世界商业化种植的转基因植物还是以几大经济作物为主，2014年的统计数据显示，首先种植量最大的农作物是转基因大豆，种植面积为9 102万公顷，占转基因植物种植面积的50.2%；其次为转基因玉米，种植面积为5 520万公顷，占转基因植物种植面积的 30.4%；转基因棉花种植面积为 2 516 万公顷，占 13.9%；转基因油菜种植面积为 900 万公顷，占 5%；马铃薯、西葫芦和木瓜等作物种植面积总和占转基因作物种植面积的 0.5%左右。按转基因植物的性状划分，具有耐除草剂抗性的占 71%，其中，抗除草剂转基因大豆占 54%，转基因油菜占 9%，转基因玉米和棉花分别占 4%；具有抗虫性状的转基因植物占 22%，主要是抗虫转基因玉米占 19%，抗虫转基因棉花占 3%；同时具有抗虫和耐除草剂两种性状的占 7%，主要是玉米和棉花，分别占 5%和 2%；抗病和其他性状转基因植物的比例总体小于 1%。

4. 转基因作物在各国的批准情况

到 2015 年，在转基因植物发展的 19 年间，全世界共有 65 个国家（其中包括欧盟 28 国）相继批准转基因作物用于粮食或饲料生产或释放到环境中，涉及 27 种植物的 350 多个转化事件（品系），3 000 多项监管审批。其中，近 1 500 项审批涉及转基因作物用于食品材料或食品加工原料，900 多项审批涉及转基因作物用于饲料材料或饲料加工原料，600 多项审批是关于转基因作物种植或释放到环境中。从各国批准转基因作物事件的数量上来看，日本最多，超过了 200 个，其次为美国、加拿大、墨西哥、韩国等；就作物来讲，玉米批准的转化事件最多，有 29 个国家共批准了 136 个，大豆有 28 个国家批准种植或使用，转化事件涉及 30 个品系。

二、转基因植物的发展

1. 第一代转基因植物

经过多年的发展，转基因植物的研发重点从抗逆等单一性状逐渐向同时具有多种复合性状或用于疫苗生产等产业化方向发展。

第一代转基因植物的研发以耐除草剂、抗虫、抗病、抗菌等性状改变为主，主要集中于大豆、玉米、棉花、油菜等几种大宗农作物，目的是为了提高农作物产量，增强农作物抗性，从而降低农民种植成本，减轻农民负担，减少农药使用，降低环境污染，解决全世界人民粮食短缺问题。目前全世界种植的主要转基因作物品种仍以第一代研发的农艺性状改变转基因大豆、玉米、棉花、油菜为主，这些品种（品系）也在进出口贸易中占主导地位。

（1）耐除草剂转基因植物。在人类漫长的农作物生产中，杂草是令农业劳动者最头疼的问题之一，在没有除草剂进行化学除草之前，都是采用人工拔除，费时费力。农田杂草可谓害处多多，其与农作物争肥、争水、争光，传播病虫害，分泌有毒物质，是严重威胁农作物产量和品质的一大类生物灾害。据估计，全世界的农作物每年由于草害（已经过人工或机械除草）平均要损失潜在产量的12%。

人类经过漫长的实践探索，终于在19世纪中期以有机除草剂——2,4-D的发现，终结了人类社会人工除草的历史。除草剂是一类化学药剂，可以抑制植物光合作用，干扰呼吸作用，影响细胞生长，破坏植物体内水分平衡，阻碍有机物的运输和影响氮的代谢等，使得植物体内、体外发生明显变化，以致最终死亡。此后除草剂出现了蓬勃的发展势头，涌现出了许多品种，产品及种类越来越多，到20世纪70年代以后，世界上绝大多数国家大部分耕地都已使用除草剂，化学除草已成为农业现代化的重要标志。

现在所用的农药多为草甘膦和草丁膦等灭生性除草剂，它们虽具有高效、低毒、易降解、无残留等特点，可是这里有个大问题！除草剂可没长眼睛，分不清“好草”和“坏草”，在使用除草剂杀死杂草的同时，也容易对我们种植的作物产生药害。伴随着人类社会农业机械化、自动化程度的提高，急需研究出在作物生长期能大规模杀死杂草但是不影响农作物的农药，这个问题困扰了科学家很久，直到20世纪中后期，以植物基因工程为核心的农业生物技术的应用快速发展，才使科学家的这一想法由理想变成了现实。可不可以将某种抗除草剂的基因转入大田作物，使它们对除草剂产生抗性，在大田里喷上除草剂之后，杂草皆凋零，唯有抗除草剂转基因作物岿然不动，继续健康生长呢？科学家经过多次实验，终于在技术上获得突破，成功地获得了抗除草剂转基因作物。

【小知识】

抗草甘膦转基因大豆

在抗除草剂转基因作物研究方面最成功最经典的例子是

抗除草剂转基因大豆的成功研发。1996 年春天，美国伊利诺伊州西部许多农场主种植了一种大豆新品种，这个大豆新品种可以抵抗除草剂——草甘膦，而草甘膦会在作物生长期把除大豆以外的所有杂草全部杀死。这一品种在当时引起了不小轰动，它从根本上改变了农田除草模式，节省了大量的人力物力成本，开启了人类大规模化学除草的先河。而后，这一品种迅速传播到世界其他国家，并得到广泛种植。

为什么草甘膦杀不死这个大豆新品种呢？草甘膦作为一种非选择性除草剂，具有杀草谱广、对环境无污染的特点，它通过阻止植物体内某一类蛋白质的合成，进而影响一系列代谢过程，最终导致植物死亡。但是它对所有植物都有毒性，只要植物接触到它，不分作物还是杂草，都会受害或被杀死。而新大豆里导入了一种抗草甘膦基因，这种基因可以使植物阻断草甘膦对植物体内蛋白合成的干扰，从而使植物不被草甘膦杀死。这样一来，在农田施用草甘膦时，只有杂草会被杀死，而不会影响这种抗草甘膦转基因大豆的正常生长。这样，就大大提高了作物产量，减轻了人类劳动量，提高了劳动效率。

目前全世界种植量最大的转基因大豆——孟山都公司研发的RoundupReady™抗农达大豆，自 1996 年以来已在包括美国、加拿大、巴西在内的 13 个国家种植，并在包括美国、加拿大、欧盟和中国在内的 26 个国家或地区批准用于食品或饲料原料。由于赋予了 Roundup Ready™抗农达大豆来自细菌的基因 *CP4-EPSPS*（农杆菌 CP4 蛋白基因和 5-莽草酸-3-磷酸合成酶基因），该品系从而具有抗草甘膦除草剂的特性。农户在田间作业时可通过喷洒非选择性的草甘膦除草剂有效去除多种杂草，而大豆生长不受影响。为此，农户每年只需喷洒1~2次草甘膦除草剂即可有效控制杂草生长，改变了以前使用多种除草剂的格局。与种植传统大豆相比，种植转基因大豆明显降低了除草剂对作物的危害，提高了大豆产量，节约了人力成本和田间管理时间，同时有利于轮作，培肥地力，使耕作栽培体系向良性循环方向发展，从而减轻了对环境的污染。据统计，仅2010年，全世界由于种植耐除草剂大豆、玉米、棉花和油菜，农药使用量共减少了22.5万吨。

（2）抗虫转基因植物。在第一代转基因植物中，另一类被赋予了重要性状的是抗虫转基因作物。虫害是制约农作物高产的重要因素，全世界每年因虫害造成的损失占农作物总产量的15%以上。而且化学农药的施用在减少虫害的同时引起了一系列副作用，如提高种植成本、对环境造成污染、诱导害虫产生抗药性以及引起次生害虫的大发生等。为此，通过基因工程手段培育抗虫新品种成为转基因作物研发的另一关注重点，如抗虫大豆和抗虫玉米（图2-2）。

由于转入的抗虫基因一般只针对一类害虫产生毒素，具有特异性，而不具广谱性，因此，转基因抗虫植物对哺乳动物和其他有益昆虫不产生毒害作用，另外，对环境也不产生污染。迄今发现并应用于提高植物抗虫性的基因主要有两类：一类是从细菌中分离出的抗虫基因（Bt基因）；另一类是从植物中分离出来的抗虫基因，如可以抑制蛋白质分解为氨基酸

图 2–2　受虫害时，转基因抗虫玉米与普通玉米生长情况比较

的蛋白酶抑制剂基因（PI 基因）、淀粉酶抑制剂基因、植物凝集素基因、抗维生素 H 蛋白基因等。其中，Bt 基因和 PI 基因在农业上利用最广。

2. 第二代转基因植物

随着研究的深入和对育种要求的不断提高，近几年国内外专家和学者正向第二代转基因作物的研发进军，并已取得了很大的突破，部分转基因品系已进入商业化种植。第二代转基因作物的开发性状更加趋于多样化和复杂化，如抗逆（提高抗旱涝、耐盐碱能力、耐土壤农药残毒，以及耐高温低温等）、营养品质改良以及代谢途径改变等复杂性状，目的是使植物在恶劣环境中能够生长和丰产，或者产生更多人类需要的材料，如高油、高淀粉含量的作物或用于生产乙醇等的作物。在植物体内，由于植物抗逆性能和品质多由数个至数十个基因共同产生作用，因此，第二代转基因植物的研发较第一代复杂得多，难度也更大。

（1）抗逆转基因植物。逆境是对植物生长影响最大的因素，主要包括干旱、洪涝、冷冻、盐碱、土壤污染等。目前转入农作物的抗逆基因有由逆境诱导的植物蛋白激酶基因、编码细胞渗透压调节物质的基因、超氧化物歧化酶基因、类黄酮途径相关酶基因、除草剂解毒基因等。如科学家将来源于鱼的抗冻蛋白基因转入植物中，使植物在0℃环境下也不受冻害。

【小知识】

抗旱转基因植物

“赤日炎炎似火烧，野田禾稻半枯焦”，天上烈日当头，骄阳如火；地上稻禾枯焦，土地干裂。人类几千年来的农业生产莫能摆脱干旱的困扰！根据联合国环境规划署（UNEP）数据资料，全球旱地占全球土地总面积的40%，约51亿公顷，有10亿多人口赖以生存和生活的资源受着严重的影响。干旱荒漠化影响了70%的旱地，即36亿公顷或世界1/4的土地受到了干旱荒漠化的影响。据估算，世界30%的灌溉农地、47%的雨养农地和73%的牧场发生荒漠化。全球范围内每年由于荒漠化影响造成的年收入减少达420亿美元，由于荒漠化造成的生态难民或粮食减产，也给周边地区带来了间接的社会和经济损失。到2050年，如果不采取预防措施，经济损失将急剧上升，将有18亿人口受到严重影响。

如何在干旱地区种植农作物，特别是在发生干旱等自然灾害时保证农业生产丰收，关系到人类的生存和发展，也是全球农业生产者和农业科技工作者面临的重大课题。全球各干旱地区的人们在长期的生产过程中，积累了抗旱耕作、栽培等丰富的经验，但难以从根本上解决干旱和盐碱地区的农业生产问题。除了进行抗旱耕作外，一个有效的方法是设法获得抗旱的优良品种。有一个现象人们都知道，就是在干旱的土地上有许多适应这种生态环境的植物。如人们非常熟悉的在沙漠中生长的仙人掌和沙棘；在极干旱或缺水环境下能够生存的某些微生物，如枯草杆菌等。这些植物和微生物之所以适应在干旱环境中生长，是因为它们携带了适应这种恶劣生态环境的特殊基因。设想一下，如果将这些植物和微生物中与抗旱有关的重要基因转移到农作物，如玉米、水稻和小麦中去，那么这样耐旱的转基因玉米、水稻和小麦就可以在中国和全世界广大的干旱环境中生长了，粮食供应问题就可以得到缓解。

尤其值得注意的是，随着经济发展和人口膨胀，水资源短缺现象日趋严重，这也直接导致了干旱地区的扩大与干旱化程度的加重，干旱化趋势已成为全球关注的问题。为此，近几年，包括中国在内的各国专家和学者开始致力于耐旱和耐盐碱转基因植物的研发。目前已成功获得耐干旱的玉米（图 2-3）和小麦，耐盐碱的玉米、水稻等植物。目前孟山都和巴斯夫公司合作研发的抗旱转基因玉米已计划商业化种植，通过转入枯草杆菌中的冷休克蛋白 B 基因，使玉米在水分不足的情况下明显减少产量损失。

（2）品质改良转基因植物。利用转基因技术对农作物进

图 2-3 抗旱转基因玉米（左）和普通玉米（右）在干旱情况下的生长情况

行品质改良也是国内外学者的另一关注重点。目前农作物品质改良主要集中在贮藏蛋白、淀粉、油脂等含量和组成上，这是通过转入编码广泛氨基酸组成或高含硫氨基酸的种子贮藏蛋白基因、某些蛋白质亚基基因、支链淀粉酶基因以及与脂类合成有关基因等而实现的。

世界上每年有超过 50% 的人口由于饮食中缺乏维生素、矿物质等元素导致疾病。解决微量元素缺乏最好的方法就是使食物营养多样化。但在很多贫困地区的人们还是生活在饥饿的边缘，无力购买种类丰富的蔬菜、水果。为此，科学家们就想到利用转基因技术改良主粮来丰富营养。

【小知识】

“黄金玉米”

在品质改良转基因植物中，较突出的就是富含维生素 A 的转基因稻米——“黄金大米”的研发。食物中维生素 A 的缺乏影响着全球2.5 亿人口。在南亚地区，由于饮食中缺乏维生素 A，每年有 25 万人失明或死亡。维生素 A 的缺乏还会导致儿童的视网膜、眼角膜受到损害，导致免疫水平低下，容易感染一些传染性疾病，比如麻疹、鹅口疮和感冒等。为此，先正达公司通过转基因技术将 β-胡萝卜素转化酶基因转入大米胚乳中，以提高维生素 A 的转化率。Ⅰ型“黄金大米”于 2000 年问世，转入了来自黄水仙的基因，其中每克大米 β-胡萝卜素含量约为 1.6 微克；Ⅱ型“黄金大米”于 2005 年问世，转入了玉米中的八氢番茄红素合酶基因，每克大米 β-胡萝卜素含量达到 37 微克。与Ⅰ型“黄金大米”相比，Ⅱ型“黄金大米”的 β-胡萝卜素含量增加了约 22 倍。β-胡萝卜素在人体中可转化为维生素 A 前体，进而提高人体中维生素 A 的含量，防治维生素 A 缺乏症。

（3）复合转基因植物的发展。从种植和经济角度考虑，包含两种或多种特征的复合性状转基因植物更有利于同时满足多方面的需求。目前已有数十个转基因大豆、玉米、棉花、油菜的复合性状品系进入商业化种植。一般情况下，赋予复合性状品系的多种性状可以相关也可以不相关。如已有多个同时具有多种抗虫性状或者同时具有抗虫和耐除草剂性状的转基因大豆、玉米品系上市。孟山都公司研发的转基因大豆复合品系 Intacta™ Roundup Ready™ 2 Pro（MON87701 × MON89788），同时具有抗鳞翅目害虫和耐草甘膦除草剂的特性，自 2010 年起在巴西、乌拉圭、阿根廷、日本等国家被批准种植，并在之后的 5 年内相继在欧盟、巴西、中国、哥伦比亚等 12 个国家和地区被批准饲用或食用。这种大豆不仅可以耐草甘膦除草剂，还可以抗多种主要大豆害虫，因此，在种植过程中农药和除草剂的使用量大大降低，巴西已大规模种植 Intacta RR2 第二代转基因大豆。2010 年，美国向市场投放了 Smartstax™玉米，这是通过杂交获得的一个具有多种性状的新型转基因玉米品系，其含有 6 个抗虫基因和 2 个耐除草剂基因，可同时抵抗地上和地下害虫，并耐受两种除草剂。据咨询公司统计，复合性状转基因作物的普及极大降低了农户对杀虫剂的需求，全球杀虫剂市场规模逐渐萎缩，除草剂市场总规模增速在下降。但受益于转基因输入性状的农药种类——草甘膦、草铵膦、麦草畏等，市场份额普遍提升。

也有些复合性状转基因作物品系既具有农艺性状（如抗虫或耐除草剂），同时也有品质改良性状（如高油酸含量、耐干旱等）。如转基因大豆 MON87705×MON89788 品系，既耐草甘膦除草剂，又提高了不饱和脂肪酸含量。该品系通过 RNA 干扰技术抑制细胞中饱和脂肪酸的运输基因表达而降低饱和脂肪酸含量，同时耐草甘膦除草剂。自 2012 年起，墨西哥、韩国和中国台湾批准该品系用于食用或饲用。在 2009 年，美国种植的复合性状转基因作物品系占全部转基因作物的 41%。

(4) 新一代高附加值转基因植物的发展。较公认的现有新一代转基因植物一般是用于新颖用途的材料，它们不以食用为目的，而是以提高作物附加值为主，如用于植物制药、植物制造工业产品（如生物燃料），还可用作环保（如生物降解）和工业原料制备等领域，从而大幅度增加农副产品的附加值，并使消费者直接受益。

目前科学家已在研发能制造预防龋齿、骨质疏松、糖尿病和禽兽疾病等的药物、疫苗、抗体，以及生产可降解塑料等的转基因植物。疫苗的生产成本很昂贵，并且需要许多特殊的存储条件，传统制药方法已跟不上快速的药品需求。因此，利用转基因植物来生产药物的新体系可极大降低制药成本和提高生产效率。

将转基因作物作为生物反应器，通过植物体系可以进行大规模药物生产。例如，人血清白蛋白（HSA）是人体内一种重要的蛋白质，医用人血清白蛋白注射剂被广泛地用于失血、外科手术前后血浆容量不足而引起的休克，以及各种原因引起的低蛋白血症，被称为“救命药”。人血清白蛋白目前仅能采用从人源血浆中提取纯化的方法生产。在全国血液供给紧张的现状下，中国白蛋白的供应局面十分紧张，常常一支难求。一方面由于血液供应有限，另一方面由于血液中各种传染病病源较多，如艾滋病等，来自人源血浆的白蛋白在使用中存在着一定的风险。因此，近年来科学家开始致力于通过生物技术重组人血清白蛋白，以实现工业化生产的目的。如将人血清白蛋白的基因通过遗传工程的技术，插入水稻的某个染色体，利用转入白蛋白基因的水稻作为生物反应器生产人血清白蛋白。在水稻成熟的过程中，人血清白蛋白不断地被合成、积累在大米的胚乳里。转入血清白蛋白基因的水稻不仅使白蛋白产出量和产出率大幅提高，并且成本减少了90%以上。

第二节　商业化种植转基因植物概述

一、转基因植物的种植概况

自1996年转基因植物被批准种植至今的20多年来，全球转基因植物商业化种植面积基本呈直线上升趋势，连续多年同比增幅都在10%以上。2010—2014年，转基因作物种植国家保持在28~29个，对于连续种植转基因植物的国家，种植面积基本呈现上升趋势。2014年的统计数据表明，有来自北美洲、拉丁美洲、非洲、欧洲、亚洲、澳洲的28个国家种植转基因作物，其中，巴西、阿根廷、印度、中国、巴基斯坦、巴拉圭、墨西哥、智利、哥伦比亚、古巴等20个为发展中国家，美国、加拿大、西班牙、澳大利亚、捷克、葡萄牙等8个为发达国家。2018年，全球转基因作物种植面积已超1.9亿公顷。

种植量排名前十位的国家转基因作物种植面积均超过100万公顷。世界人口的60%即约40亿人居住在这28个种植转基因作物的国家中。美国是种植转基因作物面积最大的国家，其次是巴西、阿根廷、加拿大和印度。其中，美国、巴西和阿根廷也是国际转基因产品主要的出口国。种植面积排名前十位的国家主要种植的作物仍以大豆、玉米、棉花和油菜四大转基因作物为主，另外，也包括少量的紫花苜蓿、番木瓜、甜菜和南瓜等。孟加拉国是2014年加入种植转基因植物的国家，批准了转Bt基因茄子的商业化种植。

二、转基因作物种植规模及普及率

1. 美国

美国是全球研发和种植转基因作物最早的国家，也是转基因作物种植面积增长速度最快的国家，种植面积一直在全世界排名首位，并且每年的种植仍呈上升趋势。1996年，全球转基因作物商业化的第一年，美国农业农村部批准玉米、大豆和棉花进入商业化生产种植。截至2014年年底，美国转基因作物的种植面积已达到7 310万公顷（占全球种植面积的40%），并且2014年美国的种植面积同比增长高于全世界任何一个国家，达到4%。对转基因作物增长的贡献率最大的是转基因大豆，达到创纪录的3 430万公顷，大豆总种植面积增加了11%。2014年，美国主要转基因作物的普及率在90%以上。大豆普及率从2013年的93%增加到94%，玉米从2013年的90%增加到93%，棉花从2013年的90%增加到96%。目前，美国种植的转基因作物主要有大豆、玉米、棉花、油菜、甜菜、苜蓿、木瓜和南瓜，其中，首先以玉米的种植面积最大，其次是大豆、棉花和油菜。据美国农业农村部统计，抗除草剂性状一直是转基因作物最主要的性状，其次是抗虫性状，另外，兼有抗除草剂和抗虫 2 个基因性状的品种也有一定占比。

2. 巴西

巴西转基因作物的种植面积仅次于美国，近几年来一直在全球转基因作物种植国中排名第二，并且每年以较大速度增长。2014 年，巴西的转基因作物种植面积达到了 4 220 万公顷，较 2013 年增长了 190 万公顷。转基因品种快速高效的审批制度是巴西能够快速发展转基因产品的最主要原因之一。巴西主要种植转基因大豆、转基因玉米和转基因棉花，其中，转基因大豆是其最主要的转基因农作物，占总量的 2/3 以上。巴西种植转基因大豆后，已成为全球第二大大豆出口国。另外，值得注意的是，巴西农业科学院（EMBRAPA）已经获准在 2016 年商业化种植本国产的转基因抗病毒豆类。

3. 加拿大

2014 年，加拿大的转基因作物种植面积增加到 1 160 万公顷，比 2013 年提高了 80 万公顷，增幅为 6.9%。转基因油菜和转基因大豆是加拿大种植面积最大的两种转基因作物，而且加拿大也是全球转基因油菜种植量最多的国家。2014 年，加拿大种植转基因油菜 800 万公顷，普及率高达 95%，转基因大豆种植面积 200 多万公顷。转基因油菜和转基因大豆占加拿大转基因作物总种植面积的 87%以上。

4. 印度

印度是全球第四大转基因作物种植国，但仅种植转基因棉花。2014 年，印度转 Bt 基因棉花种植面积再创历史新高，达到 1 160 万公顷，与加拿大转基因作物种植面积持平。自 2002 年印度开始商业化种植转基因作物以来，种植面积已经翻了 230 倍。印度转基因棉花普及率达到了 95%。据 Brookes 和 Barfoot 的最新估算，印度商业化种植转基因抗虫棉的 12 年间，农民收入增加了 167 亿美元，近几年每年收入都可达到 20 亿美元左右。

5. 中国

中国是第六大转基因作物种植国，主要以种植转基因抗虫棉为主，2014 年种植面积为 390 万公顷，转基因棉花的普及率由 2013 年的 90%提高到 93%，在解决中国棉铃虫为害问题上做出了突出贡献。中国转基因抗虫棉的面积基本保持在 350 万~400 万公顷，不同年份面积的增加或减少多与全国棉花总种植面积的变化相一致，如中国棉花的总种植面积从 2013 年的 460 万公顷降低到了 2014 年的 420 万公顷，转基因棉花种植面积从 420 万公顷下降到了 2014 年的 390 万公顷。另外，中国也种植少量的转基因番木瓜。虽然中国在 2009 年对转 Bt 基因水稻 TT51 品系和转植酸酶玉米颁发了转基因生物安全证书，但并未批准大面积商业化种植。

6. 欧盟

欧盟主要种植的转基因作物就是转 Bt 基因玉米，有 5 个国家种植，种植总面积为 14. 3 万公顷。西班牙是种植面积最大的国家，占欧盟总面积的 92%。其他 4 个种植国家是葡萄牙、罗马尼亚、斯洛伐克和捷克。

三、主要转基因植物系列

目前已进入商业化种植的转基因植物主要包括：大豆、玉米、棉花、油菜、马铃薯、水稻、甜菜、苜蓿、木瓜、番茄、杨树、李子、康乃馨、亚麻、茄子、菊苣、南瓜等。其中全球种植面积较大的几种转基因植物包括大豆、玉米、棉花、油菜等。

目前，在最多的国家和地区首先获得批准的转基因品系是孟山都公司研发的抗农达大豆 GTS40-3-2 品系，其已在 54 个国家获得商业化种植或用于食品或饲料生产原料；其次是孟山都公司的抗除草剂玉米 NK603 和抗虫玉米 MON810 品系，其已在 53 个国家批准种植或用于食品或饲料生产加工原料；被中国化工收购的先正达公司研发的抗虫玉米 Bt11、杜邦先锋公司研发的抗虫玉米 TC 1507，以及孟山都公司研发的抗虫玉米 MON89034、拜耳公司研发的抗除草剂大豆 A2704-12 等品系分别在 50 个国家获批准；孟山都公司研发的抗除草剂棉花 MON531 和抗虫棉花 MON1445，抗虫玉米 MON88017，拜耳公司研发的 T25 等品系在 40 多个国家获得批准商业化种植或用于食品及饲料原料。

第三节　转基因植物种类

自从 1986 年首批转基因棉花被批准进入田间试验以来，全球已经有 27 种转基因植物获得批准商业化种植（图 2-

4）。如大豆、玉米、棉花、油菜、烟草、水稻、甜菜、亚麻、马铃薯、番木瓜等。

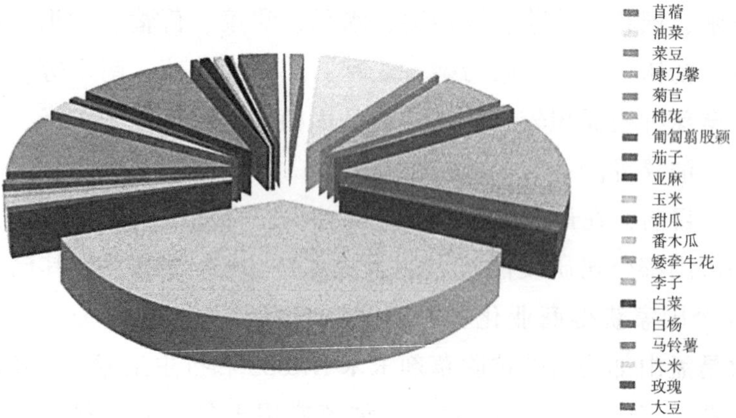

图 2-4　已获批准商业化种植的转基因植物产品

一、转基因大豆

1988 年，Hinchee 首次报道成功获得大豆转基因植株，1994 年美国孟山都公司成功研制出抗草甘膦除草剂转基因大豆（Roundup Ready Soybean，RRS 大豆），1995 年获准在美国商业化种植，这是世界上最早获准推广的转基因大豆。

目前，通常所提到的转基因大豆多指抗除草剂转基因大豆，它的种植只需要使用草甘膦一种除草剂就能杀死各种杂草，从而提高了种植效率。美国又成功培育了转基因高油酸大豆、低亚麻酸大豆、低棕榈酸大豆、高硬脂酸大豆、高棕棡酸大豆、富含抗癌蛋白质大豆及富含脱敏因子大豆等转基因品种。

二、转基因油菜

油菜是世界四大油料作物之一，主要包括甘蓝型油菜、芥菜型油菜和白菜型油菜 3 个栽培种。油菜是四大油料作物之一，位居全球五大经济作物之列，是食用植物油和蛋白的重要来源。

转基因油菜是目前研究最多的植物之一，至少有 11 个品种在加拿大、日本和美国等国已经商业化生产。1985 年，Ooms 等利用农杆菌介导法成功获得了第一株转基因油菜。转基因油菜是继转基因大豆、玉米、棉花之后的第四大转基因作物。转基因油菜主要进行抗性改良，如除草剂抗性、真菌抗性、病毒抗性、抗虫性等。对油菜进行品质改良也是比较重要的转基因改良方向，比如改变脂肪酸组分、提高含油量、改良油的品质、改良种子贮藏蛋白、降低纤维素含量等。

三、转基因马铃薯

马铃薯是世界上位居第四的粮食作物，马铃薯的块茎中含有大量的淀粉和优质的营养蛋白，营养价值很高，且含有多种维生素和矿物质。除了作为粮食和蔬菜食用外，还可以加工成淀粉、饲料以及工业原料等。

马铃薯是最早一批研发成功的转基因植物，主要是利用转基因技术改良马铃薯的品质、培育抗病虫害转基因品种（图2-5）。美国孟山都公司获得了抗鞘翅目害虫的转基因马铃薯，目前转Bt基因的马铃薯在美国已经实现商品化应用。1997年，美国培育出对鳞翅目和鞘翅目害虫均具有良好抗虫效果的转基因品种。2000年，孟山都公司将具有抗菌活性的小肽苜蓿防御素导入马铃薯，获得的转基因马铃薯对黄萎病表现出较高的抗性。不过中国不允许种植转基因马铃薯，也不允许转基因马铃薯进口，所以在国内不会吃到转基因马铃薯片和薯条。

图2-5　普通非转基因马铃薯受病害的示意图

目前，马铃薯的转基因品系有42种。

四、转基因玉米

人们常吃的玉米，是世界上主要的三大粮食作物兼重要的饲料作物之一，也是现代工业的重要原料。仅靠传统育种及耕作方式提高玉米产量、改善品质、增强抗性等已远不能满足人类对高品质玉米的需求，这关系到全球人的温饱问题。转基因玉米已成为目前商业化种植的四大转基因作物之一。

目前已经批准转基因玉米作为加工原料的国家有日本、澳大利亚、新西兰、菲律宾、西班牙、加拿大以及欧盟部分成员国等。不同品系的转基因玉米具有耐除草剂、抗玉米螟、抗玉米根系害虫、抗玉米仓储害虫、高赖氨酸等性状，在改良了玉米品质和抗性的同时提高了产量（图 2-6）。

图 2-6　普通非抗虫玉米受虫害的示意图

近年来，中国转基因玉米研究进展较快，转基因抗虫、抗除草剂玉米的商业化蓄势待发。培育抗草甘膦转基因玉米新品种，对控制田间杂草和促进作物生产、提高产量及经济效益都具有重要意义。中国在抗逆转基因玉米研究方面也取得了一定进展，2009 年，中国培育的转植酸酶基因玉米已获得农业农村部批准的生产应用安全证书，这是世界第一例获得生产应用许可的转植酸酶基因玉米，但目前尚没有进入商业化生产阶段。

五、转基因水稻

水稻是世界上最重要的粮食作物之一，在粮食与人口的双重压力下，提高产量的急迫性使推进转基因水稻的商业化发展成为解决粮食安全问题的必由之路。

中国是水稻的发源地之一，具有丰富的野生稻种资源，也是世界上最大的产稻国，总产量占世界稻米产量的 1/3。稻米是中国人最重要的主食之一，有数亿农民以种植水稻为生。中国是开展研究水稻基因工程较早的国家，转基因抗虫水稻研究处于世界领先水平。中国已培育出了一批抗虫、抗除草剂、抗病、养分高效、耐盐和高产等一系列转基因水稻新品种和新材料。用于水稻遗传转化的基因有 100 个以上，2002 年水稻基因组基本完成测序后，中国对水稻的功能基因组研究已处于世界领先地位，获得一大批有重要应用价值和自主知识产权的水稻功能基因，主要包括抗螟虫 Bt 基因、抗稻瘟病基因、抗白叶枯病基因、抗逆基因和米质性状基因等，这些基因大部分由中国科学家克隆，均已获得相应的转基因水稻。尽管 2009 年农业农村部批准了两个抗虫转基因水稻品系的安全证书，但中国转基因水稻仍处于技术和品种的储备阶段，目前尚没有进行商业化生产。

为什么螟虫吃了抗虫水稻就会死呢？我们不得不说说这个杀虫武器“Bt 杀虫蛋白”。Bt 是一种名叫苏云金芽孢杆菌的细菌的简称。这种细菌在地球上随处都是，广泛存在于土壤和水中。Bt 的基因组里含有一种能产生杀虫蛋白的基因。转基因抗虫水稻就是将这个能产生杀虫蛋白的基因插入到水稻自身的基因组里，从而能使转基因抗虫水稻从一粒种子开始，就产生这类杀虫蛋白，具有杀虫的本领，一旦鳞翅目昆虫吃了这种携带杀虫蛋白的水稻，便会很快死亡。这种杀虫蛋白只对鳞翅目昆虫有特异性的毒杀活性，对人类以及其他非靶标生物却是无害的，而且它们在自然环境中很容易降解。当害虫取食这种杀虫蛋白后，在昆虫肠道的碱性条件下，由杀虫蛋白与昆虫肠道中特异的受体结合而产生毒杀作用。而哺乳动物的胃液为强酸性，肠胃中也不存在与杀虫蛋白结合的受体，当杀虫蛋白进入到哺乳动物的肠胃中后，在消化液的作用下几秒钟之内就会全部降解。

中国农业生物安全委员会经过严格的实验研究、中间试验、环境释放、生产性试验和申请生产应用安全证书等阶段的多年安全性评价后，于 2009 年发放了由华中农业大学申报的杂交种华恢 1 号和 Bt 汕优 63 的转基因生物安全证书，华恢 1 号和 Bt 汕优 63 对螟虫具有高度的抗性，基本解决了鳞翅目害虫对水稻的为害。这也被美国生物技术信息委员会组织的相关专家评选为 2009 年度对未来全球农业生物技术具有重要意义和影响的三件大事之一。

六、转基因小麦

小麦是世界上大多数温带国家的主要粮食及饲料作物之一，其高产、稳产、优质是解决粮食问题、促进经济发展的重要保障。随着全球气候变化导致的农作物生物胁迫和非生物胁迫的加重，以及人口增加带来的粮食需求量增大等问题，利用杂交育种技术已无法满足人类对小麦在产量、品质等方面的需求，而利用转基因技术研究小麦的遗传改良对世界粮食安全生产有着十分重要的意义。

1992 年，世界上第一株转基因小麦问世，目前全球已有近 200 个小麦外源基因，主要为抗除草剂类基因、抗病虫基因、品质基因、抗旱耐盐等抗逆基因、雄性不育类基因等。孟山都公司培育的耐草甘膦除草剂小麦 MON71800 被美国、新西兰、澳大利亚、哥伦比亚批准可用于食物和饲料。但转基因小麦目前尚未进行商业化种植。

七、转基因棉花

棉花是世界上最主要的经济作物之一，也是最早进行商业化种植的转基因作物之一。全世界种植棉花的国家和地区有 96 个，其中，中国、美国、印度等国家产量较高。目前，人们已利用植物基因工程培育出了抗虫、耐除草剂、抗病、纤维改良、抗旱和耐盐碱等转基因棉花。在 1996 年，美国、澳大利亚、墨西哥 3 个国家率先商业化种植转基因棉花（Bt 抗虫棉），在 1998 年，中国、阿根廷和南非开始种植转基因棉花。转基因棉花自 1996 年商业化种植，对有效控制棉花虫害和草害发挥了重要作用，在降低生产成本及提高产量方面均效果显著。

棉花最怕虫害，被虫吃过的棉花田产量会大大下降。让众多棉农“谈虫色变”的棉铃虫就是棉花曾经最大的敌人。20世纪90年代，棉铃虫在我国的棉花产区每年都会大暴发。走到棉田里总会看到一些外表浅绿色、像菜青虫一样的虫，这就是棉铃虫的幼虫，最喜欢吃的就是“棉铃”，故有此名。为害严重时，90%的棉田都布满棉铃虫！一旦大暴发，棉田甚至会绝收。

棉铃虫让人如此头疼，怎么办呢？那个时候，对付虫害主要就靠使用农药。为了提高棉花的产量，农户们不得不大量使用农药，虫害严重时几乎每隔一天就要打一次药。农药对虫有毒杀作用，对人同样也有毒性，当时有很多农户因为喷打农药而中毒。农药和人工成本让棉农不堪重负。而且，随着农药的大量使用，棉铃虫也随之产生了抗药性，喷洒下去的农药就像水一样对棉铃虫丝毫不起作用，棉农们只能亲自上阵，一只一只地用手抓，弄得疲惫不堪，成效还不大。最后，棉农们就不愿意种棉花了。在1992年，中国种植的棉花从1亿亩骤减到6千万亩。

随着生物技术的发展，转基因技术日趋成熟。1990年，美国孟山都公司成功将Bt杀虫蛋白基因转入棉花，获得转基因抗虫棉花，美国成为世界上第一个拥有转基因抗虫棉的国家。目前，主要有抗虫转基因棉花、抗棉花黄萎病转基因棉花等。

八、转基因番木瓜

木瓜，学名番木瓜，素有“岭南果王”之称，全身是宝。其果鲜食，口味佳、营养丰富，还有健胃消食、软化血管等功效。在番木瓜环斑病为害下，世界各地的番木瓜生产都受到了严重的影响。1948 年，Jensen 在夏威夷的瓦胡岛上首次发现了造成该病害的病毒，其后被命名为“番木瓜环斑病毒（Papaya ring spot virus，PRSV）”。PRSV 属于马铃薯 Y 病毒组，是通过几种非持久性传毒的蚜虫进行传播的。病毒入侵寄主植物体内后，借助寄主细胞使自身大量增殖，不断侵害并破坏寄主细胞最终导致寄主细胞崩溃。受到番木瓜环斑病毒侵害的番木瓜叶片黄化、斑驳畸形，如果幼苗受到病毒感染则植株矮化，不能结实，感染病毒的果实通常个小、表面有环斑，畸形且粗糙，果实的味道很差。1992 年，科学家终于培育出“日出”和“彩虹”转基因木瓜。其原理就是将番木瓜环斑病毒外壳蛋白基因转入番木瓜中，使番木瓜对病毒产生抗性。1998 年转基因木瓜被批准商业化种植。世界上第一批商业化种植的转基因番木瓜出现在美国夏威夷，转基因番木瓜的问世和商业化种植，直接挽救了美国木瓜产业，并被日本、泰国等其他国家批准推广种植。

九、转基因甜菜

甜菜是主要的糖料、能源和饲料作物。甜菜育种和种质创新可利用转基因技术得到有效的发展，将外源基因导入甜菜能增强其抗病、抗虫、抗除草剂及抗逆境的能力。

十、转基因亚麻

亚麻转基因技术的研究始于20世纪80年代初，已获得一批转基因亚麻新品系（种）。进行亚麻生物技术研究的主要有加拿大、捷克、法国、俄罗斯和中国等。目前在亚麻转基因研究中利用的主要是抗病、抗虫、抗除草剂、抗涝、耐盐碱等抗性基因。

十一、转基因苜蓿

苜蓿是苜蓿属植物的通称，多以紫花苜蓿被熟知，其作为一种优良的豆科牧草被广泛种植。在南非、澳大利亚、新西兰、南美和北美地区成为重要的农作物。在世界各地，紫花苜蓿作为饲料作物被种植。在中国，紫花苜蓿的栽培已有2 000多年的历史，广泛分布于西北、华北、东北地区，江淮流域也有种植，是中国栽培面积最大的牧草。苜蓿种植有明显的地域限制，培育抗寒、耐旱、耐盐碱的新品系是关键。随着转基因技术在苜蓿中的应用，已使苜蓿获得了许多优良性状，如抗病虫性、抗盐碱、优良品质等。主要转基因苜蓿品系有J101和J163，在澳大利亚、加拿大、日本、新西兰、菲律宾、新加坡、韩国、美国等国家已获得商业化批准。

十二、其他转基因植物

除前面介绍的主要的转基因产品外，在国外还有一些转基因产品，如向日葵、香瓜、南瓜、菊苣、矮牵牛、匍匐剪股颖、甘蔗、康乃馨等。不过，目前中国还没有这些转基因产品。

向日葵属于菊科向日葵属，是世界四大主要油料作物之一，原产于北美，世界各地均有种植，其中，俄罗斯、阿根廷、中国、美国、法国和西班牙等国家种植面积较大。通过基因工程方法将目的基因导入向日葵是改良其品质和增强其抗病、抗虫、抗逆、抗除草剂能力的有效手段。转基因向日葵品系 X81359，主要性状是耐咪唑啉酮类除草剂，加拿大于 2003 年批准，供食用。

转基因香瓜的主要性状是延迟软熟、改善产品质量，美国于 1999 年批准，供食用。

南瓜是世界范围内广泛栽培的一类蔬菜作物，转基因南瓜品系主要有 CZW-3 和 ZW20，主要特点是抗病。

菊苣是菊科菊苣属多年生草本植物，是一种高产优质的牧草，广泛分布于亚洲、欧洲、美洲及大洋洲，在我国主要分布于“三北”地区。培育具有较高耐旱、耐盐碱能力的菊苣品系对西部地区水土保持和农业畜牧业的发展具有一定现实意义。美国于 1997 年批准的转基因菊苣 RM3-3、RM3-4、RM3-6 品系，主要特点是耐除草剂、雄性不育。

矮牵牛属茄科矮牵牛属，原产南美，在美国、日本等国家都是最受欢迎的花卉之一。1985 年 Horsch 等首次获得矮牵牛转基因植株。常见转基因矮牵牛品系是 Petunia-CHS。

匍匐剪股颖，具有较强的耐寒性、耐旱性、耐阴性，并耐低度修剪。将抗病基因转化到特定品种，培育抗病的转基因匍匐剪股颖，以减少各种农药的应用，减低施用农药造成的环境污染。美国批准转基因匍匐剪股颖 ASR368 品系。

甘蔗是世界上最重要的糖料作物，日益严重的虫害给甘蔗产量及品质造成了重大损失。目前甘蔗抗虫转基因育种已成为甘蔗抗虫育种最有效的途径之一。

康乃馨转基因主要是通过农杆菌介导法把康乃馨 ACC 氧化酶基因的反义序列导入康乃馨优良的栽培品种中，以期获得能延长鲜切花寿命的康乃馨新品种。目前，转基因康乃馨品系主要有 FLO-11363-l、FLO-11226-8、IFD-25947-1 等，批准国家和地区主要有澳大利亚、日本、马来西亚等国家及欧盟部分成员国。

第四节 中国已经批准的转基因植物

现在中国有哪些转基因植物产品已被批准发放农业转基因生物安全证书的呢？主要有 1997 年发放的抗虫棉花等安全证书，1999 年发放的抗病甜椒等安全证书，2006 年发放的转基因抗病番木瓜安全证书，2009 年发放的转基因抗虫水稻和转植酸酶玉米安全证书等（图 2-7）。但被批准商业化种植的转基因产品只有棉花、番木瓜和杨树（图 2-8）。

一、转基因棉花

中国是棉花总产量位居世界第一的植棉大国，植棉业也

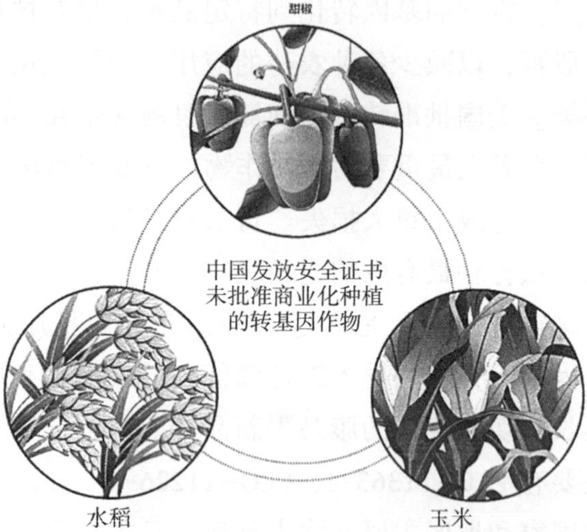

图 2–7　中国发放安全证书未批准商业化种植的转基因作物

图 2–8　中国批准商业化种植的转基因植物

是农业的支柱性产业之一，棉花作为中国重要的经济作物，对国民经济的发展至关重要。然而，虫害和草害造成的损失严重制约了棉花的生产。中国棉花害虫多达300余种，虫害的大面积暴发常造成棉花严重减产。由于化学农药长期使用而导致了一些棉花害虫产生抗药性，以致杀虫剂无法杀灭棉花害虫，威胁棉花生产，且化学药剂的使用使环境污染日益恶化。棉田杂草滋生严重影响了棉花的正常生长，除草剂的使用减轻了除草劳动强度、提高了生产效率。为对抗虫害及草害，提高棉花产量，科学家们利用植物基因工程手段培育出了转基因抗虫、耐除草剂棉花。此外，目前国内转基因棉花还在抗病、纤维改良、抗旱和耐盐碱等方面有所发展。

中国从1991年开始进行抗虫基因的研究，之后又开展了抗病、高产、优质、抗逆等复合性状改良等方面的研究。经过棉花育种者多年研究，选育出了多个转Bt和双价基因抗虫棉品种及优良株系。1992年，中国农业科学院生物技术研究所成功地将Bt杀虫基因导入棉花，中国成为继美国之后的第二个拥有转基因棉花技术的国家。1996年，美国、澳大利亚、墨西哥3个国家率先开始商业化种植转基因棉花，中国从1998年开始种植转基因棉花，那一年中国自主研发的GK12和SGK321分别通过品种审定，分别被定名为“晋棉26号”和“国抗1号”，国产抗虫棉开始大规模种植。与施药防治棉田害虫相比，转基因棉田不会在土壤和地下水中造成农药残留，对非靶标生物无毒性，还能减少农药和人工投入，转基因抗虫棉受到了广大棉农的欢迎。2008

年，时任国务院总理温家宝在接受美国《科学》杂志专访时曾经提及：“在10年前没有用转基因抗虫棉的时候，棉铃虫泡在农药里都死不掉。自从我们实施了棉花转基因工程后，棉花不仅抗虫害能力增强，而且产量也提高了。”据统计，在转基因抗虫棉商品化之前，全球每年用于防治棉花虫害的费用高达20亿美元，约占所有农作物防虫费用的1/4，而在使用转基因抗虫棉以后农药用量减少了约60%，劳动力投入减少了7%，转基因抗虫棉比一般棉花单产平均提高10%。

二、转基因番木瓜

中国的抗番木瓜环斑病毒的转基因番木瓜由华南农业大学研发并取得成功，于2006年首先在广东省获准商业化种植，海南省也批准了种植转基因番木瓜。目前抗病毒转基因番木瓜在中国已获准广泛种植。

由于番木瓜环斑病毒的株系多，不同的株系对番木瓜的侵染能力不同。因此，虽然夏威夷转基因番木瓜已开发了2个优良品系，但对中国华南地区、中国台湾地区以及泰国等亚洲国家的番木瓜环斑病毒株系却不具有抗性。于是华南农业大学科研人员在国内率先进行抗番木瓜环斑病毒转基因番木瓜的基因工程研究，将中国华南地区该病毒的优势株系“黄叶花点”的复制酶基因转化进了番木瓜植株体内，获得了高抗的转基因品系——华农1号，并于2006年获得农业农村部颁发的安全证书，在广东大规模种植后，产生了极大的经济、社会和环境效益，从根本上解决了番木瓜生产上受番木瓜环斑病毒威胁的问题，从而恢复了番木瓜“岭南佳果”的美誉，并供应国内外市场，也满足了食品工业、医药和保健领域等开发的需要。

转基因番木瓜品质极佳，不仅个头大、外表“俊俏”，里面的果肉也是鲜红或鲜黄的，着实很诱人。转基因番木瓜不但产量和品质都提高了，而且还大大降低了生产成本。转基因番木瓜的抗病特性可大大减少种植过程中农药的使用，从而降低农药残留对人类的危害。比起非转基因番木瓜，转基因番木瓜在农药、化肥的使用上显著减少，这对缓解资源短缺、环境恶化等严重问题具有重要的作用。

第五节　不同国家的转基因植物加工产品

转基因植物作为原材料可以加工成很多食品、饲料、工业品等。其中食品主要包括两大类：一类是直接食用的新鲜转基因植物；另一类是转基因植物加工后的食品。目前全世界直接食用的转基因植物主要包括转基因番木瓜、番茄和马铃薯等。在中国，仅有转基因番木瓜种植，没有批准种植或进口转基因番茄和马铃薯。转基因植物加工产品也包括两类：一类是转基因植物直接加工的产品，如转基因大豆、玉米或菜籽生产的食用油，大豆蛋白、薯片、薯条等加工制品；另一类是转基因植物与其他材料混合后制成的食品原料或加工制品，如面包、饼干等。目前全世界有 1/3 多的转基因植物用于饲料生产，如转基因大豆、玉米、油菜、苜蓿、棉籽等，其加工后的副产品，如豆粕、玉米酒糟粕、菜粕、棉籽粕等也用于生产饲料。随着转基因技术的发展，目前国际上应用转基因植物生产高果糖浆、淀粉、酒精等食物辅料，生产大豆异黄酮等保健品，另外，采用转基因玉米等生产工业乙醇也已成为转基因植物应用的重要方面。

目前转基因大豆最主要的应用是生产大豆油，另外，在不同的国家也用于生产纳豆、豆酱、酱油等产品，同时也用于生产大豆分离蛋白和大豆纤维素等饲料原料。同时，有些国家也应用大豆提取大豆异黄酮。大豆异黄酮是目前国际上唯一安全、有效的天然植物雌激素，其分子结构与女性体内雌激素相似，可防止女性卵巢功能过早衰退，从而具有延缓衰老的作用。

转基因玉米的一个很重要的用途是生产生物乙醇，据美国农业农村部统计，每年有超过50%的转基因玉米用于生产乙醇，而其副产品就是玉米酒糟粕，一种营养成分很好的饲料原料。

另一种种植面积较大的转基因作物——油菜主要用于生产菜籽油，而其副产品菜粕也是生产饲料的原料。另外，在美国等国家可能会用转基因作物生产玉米片、薯片等产品。由于转基因玉米和大豆在美国种植业中占比较大，因此，很多小麦类制品如饼干、面包等的微量添加物中也含有少量的转基因玉米、大豆成分。

一、美国

美国是目前全世界转基因作物种植品种最多、种植面积最大和消费量最大的国家。美国同时也是转基因玉米、转基因大豆的最大出口国，其中，玉米出口量占全球出口量的将近一半。根据美国农业农村部的数据，2010年，美国玉米总产量为3.11亿吨，其中，美国国内消费2.06亿吨，占总产量的84%，出口0.58亿吨，主要输出国包括日本、墨西哥、韩国、埃及和中国，中国的输入量仅占美国出口量的3%。而从过去几年美国年均国内玉米总消费量来看，55.5%用于饲料生产，13.6%用于工业酒精生产，12.6%用于食品原料。其中，玉米在生产工业酒精后的残渣就是玉米酒糟粕，由于玉米酒糟粕含有较高的蛋白质和微量元素，是很好的饲料原材料，一般与鱼粉等材料混合后用于生产牲畜、鱼类等养殖的饲料。2014年美国玉米酒糟粕出口量达到1 215万吨。

美国食品安全中心的比尔·弗里兹称："事实上，美国超市货架上60%~70%的食物中含有转基因成分。"加工食品中大多含有转基因成分，但是新鲜水果和蔬菜例外，只有夏威夷木瓜及小部分南瓜、西葫芦和某种甜玉米是转基因的。目前，还没有转基因鱼类、肉类和禽类产品被批准用作人类消费，但是大部分的饲料来自转基因玉米、苜蓿和其他转基因谷物。

据不完全统计，美国国内生产和销售的转基因大豆、玉米、马铃薯和番木瓜等植物的转基因食品超过 3 000 个种类和品牌，加上凝乳酶等转基因微生物来源的食品，美国市场销售的含转基因成分的食品超过 5 000 种。美国超市里售卖的南瓜大多不是转基因的，但是约有 1 万公顷的曲颈南瓜、直颈南瓜和西葫芦种植转入抗病毒基因的品种。与中国对转基因产品零阈值的强制性标识制度相比，由于美国对转基因产品采取自愿标识制度，因此，很多食品原料可能来自于转基因植物，但并没有明确的标注。在美国，许多品牌的色拉油、面包、饼干、薯片、蛋糕、巧克力、番茄酱、新鲜番木瓜、酸奶、奶酪等民众日常消费量较大的食品或多或少都含有转基因成分。如在配制面粉时，一般都会加入一定量的大豆粉或玉米粉来实现高筋或低筋等用于烹饪不同食品的目的。另外，据统计，在美国，每人每年要消耗 22 千克大豆油、7 千克大豆蛋白及其他大豆制品。一方面在美国转基因大豆种植量已占大豆总种植量的 94%，转基因玉米种植量已占玉米总种植量的 93%，因此，在面粉中大多含有混杂的转基因大豆、玉米成分。另一方面，由转基因植物生产加工的食品材料或食品会含有转基因成分，如转基因玉米可制成玉米片、玉米粉、玉米淀粉、玉米油、玉米糖浆、调味料等，这些食品原料或食品都会含有转基因成分。因此，可以说，美国是食用转基因食品种类最多、时间最长的国家。

二、欧盟

欧盟唯一准予种植的转基因作物是转 Bt 基因玉米

MON810品系，该品系可抗欧洲玉米螟。在欧盟，转基因玉米的种植率并不高，占玉米总种植面积的1.5%左右。2014年由于欧盟玉米种植总面积的下降，转基因玉米种植面积也随之下降至14.3万公顷。2014年欧盟有5个成员国，即西班牙、葡萄牙、捷克、罗马尼亚和斯洛伐克种植转基因玉米。其中，西班牙是欧盟最大的转基因玉米种植国，2014年种植面积达13.15万公顷，占欧盟转基因玉米总种植面积的92%，占西班牙玉米总种植面积的32.6%。其次是葡萄牙，种植面积为0.85万公顷，占欧盟转基因玉米总种植面积的6%。其他国家种植面积都很小。

欧盟虽然没有大规模地种植转基因作物，但却是转基因大豆和玉米的主要进口地区，近几年平均每年进口3 000万吨大豆和600万吨玉米，主要来源于美国等地，进口的大豆和玉米主要用作畜禽饲料加工原料。据估计，转基因大豆和玉米占总进口量的比例分别约为90%和25%。

三、加拿大

加拿大是全球最早商业化应用转基因作物的5个国家之一，现在也是全球第五大转基因作物种植国，特别是对转基因油菜的研发和应用一直处于全球领先地位。自转基因植物商业化种植以来，加拿大就一直紧随美国，其研发活动非常活跃、不断深入，其应用也日益普及，成效明显。

加拿大转基因植物研究田间试验几乎涉及所有的主要农作物，研究最多的是甘蓝型和白菜型油菜，占总数的

66.2%，其次是大豆、玉米、马铃薯、小麦，这六大作物约占总数的88.5%。苜蓿、芥菜型油菜、亚麻、烟草研究也较多。在加拿大，转基因食品已经占到食品超市中80%的份额，尤其是绝大多数即食食品都含有最常见的转基因成分，包括玉米、大豆、菜籽油、棉籽和甜菜等。加拿大主要食用的油类是菜籽油，其90%以上为转基因菜籽油（Canola），这也是在加拿大最主要的转基因作物来源食品。传统的菜籽油主要含6种脂肪酸，其中芥酸高达50%。芥酸分子较大，有24个碳原子，被认为不宜被人体消化吸收，甚至有人认为其对人体有害。美国食品药品管理局就曾一直禁止菜籽油食用，直到Canola问世，低芥酸菜籽油才在1985年被批准食用。另外，与美国相似，加拿大超市中很多多组分食品中都可能含有转基因玉米、大豆成分，因此，转基因食品在食品中占有较高份额。

四、日本

日本将转基因食品的管理分为三类。第一类是转基因植物及其加工成的食品在组分、营养、使用等方面与传统农产品和加工品无实质等同性，比如高油酸大豆、豆油及其产品。第二类是转基因植物及其加工食品与传统农产品具有实质等同性，且外源基因或其编码的蛋白质在加工为成品后依然存在的食品，如豆腐等。第三类是转基因植物及其加工食品与传统食品具有实质等同性，加工后已不存在转入的外源基因或其编码蛋白质的食品，如精炼豆油等。

日本在标识范围上规定，已经通过转基因安全性认证的水豆豉、玉米小食品、豆腐等由大豆或玉米制成的食品需要进行转基因标识；若能检测到外源 DNA 或蛋白质，转基因马铃薯产品也需要标识。转基因食品强制性标识目录每年都要进行修改。

五、韩国

韩国对转基因农产品和食品实行分别管理。转基因农产品是指未经粉碎、切割、压榨、加热等加工方式，保持原型状态的农产品，包括豆芽及芽苗菜。列入标识范围的包括大豆、豆芽、玉米和马铃薯等。韩国现已通过安全评价审批的转基因农产品有大豆、豆芽、玉米、马铃薯、棉花、油菜、甜菜 7 种。另外，韩国对于转基因食品按目录标识，已列出目录的有 28 类食品。

六、中国

中国已颁发转基因生物安全证书的有水稻、棉花、玉米和番木瓜，但目前中国真正实现商业化种植的转基因作物只有转基因抗虫棉和转基因抗病毒番木瓜。抗虫棉是中国研究开发最为成功、目前唯一实现大规模产业化的转基因作物，中国是继美国之后第二个拥有抗虫棉自主知识产权的国家。2014 年中国转 Bt 基因抗虫棉的种植面积达 390 万公顷，占棉花种植总面积的 75%。棉农由于农药和用工减少、产量增加，累计增收节支约 166 亿元人民币。棉田剧毒农药的使用量减少75%~80%，按调查数据估算，全国农药使用量至少减少48万吨，从而大大减少了对土壤、水体、饮用水的污染和农药中毒事故的发生。据农业农村部最新统计，河北、山东、河南、安徽等棉花主产省的抗虫棉种植率几乎达到100%。抗虫棉主要用于工业生产，不进入食物链。同时，中国每年进口一定量的转基因棉籽用于提炼棉籽油，转基因棉籽粕用于饲料生产。

中国市场上的转基因食品主要有两种，一种是转基因食用油，主要包括转基因大豆油和玉米油，是通过进口转基因大豆、玉米和油菜籽生产出来的。转基因大豆油主要是从美洲，尤其是从美国、阿根廷、巴西等国家进口的大豆生产出来的食用油。转基因玉米及其产品大多来源于美国、加拿大等国。另外一种消费者能够吃到的转基因食品就是中国种植的转基因抗环斑病毒番木瓜。除此之外，中国很少能够见到转基因食品。

除了中国种植的转基因棉花和番木瓜，自2004年起，中国相继批准了转基因大豆、玉米、油菜、棉花、甜菜等作物进口用作生产及加工原料，涉及40多个转基因作物品系，这些转基因农产品主要来自美国、巴西、阿根廷和加拿大等国。中国是农产品进口大国，2014年中国进口大豆及加工产品已达7 140万吨，转基因大豆占90%以上，主要用于生产食用大豆油。2014年中国进口玉米及加工产品262.9万吨，70%以上为转基因玉米。2014年中国油菜籽进口量达到创纪录的508万吨；2014年前8个月中国进口棉籽6.89万吨。转基因大豆、玉米、菜籽和棉籽多用于生产食用油和工业用油。现在中国的油脂缺口已达到1 900多万吨，每年有70%多的油脂需求是靠国外供给。伴随着国内对油脂的需求进一步增加，国内油脂供应缺口将持续上升。由于中国人口众多，可供耕作的土地很有限，越来越大的缺口数量，单靠国内是难以保障的，中国油脂的供应将长期依赖进口。另外，中国每年还进口玉米酒糟粕、豆粕、菜粕、棉籽粕等作物种子提炼油脂或生产乙醇后的植物残渣。2014年1—12月中国进口玉米酒糟粕总量为540万吨，绝大部分从美国进口，均为转基因玉米酒糟粕；进口菜粕253万吨，来自巴基斯坦、加拿大等国，超过50%含有转基因成分。进口的玉米酒糟粕、豆粕、菜粕、棉籽粕等主要作为原料用于生产养殖饲料。

七、巴西

巴西是全球第二大转基因作物种植国，继巴西历史上曾经出现过的“咖啡经济”和“蔗糖经济”后，“大豆经济”已成为巴西现代农业的象征，大豆成了巴西最主要的出口农产品。巴西是转基因大豆的生产大国，近年来，巴西转基因大豆生产呈跨越式发展，并且近几年转基因大豆在其国内的种植比重持续增加。2006—2011年，转基因大豆的种植比重从55%上涨到82%，未来仍然有上升空间。同时，巴西是世界上最主要的玉米生产国和出口国之一。2012—2013年，巴西玉米产量为8 130万吨，其中出口1 980万吨。

巴西转基因生物监管机构包括卫生部、农业畜牧与食品供给部、环境部、水产渔业部特别秘书处。2003年，巴西出台了新的转基因产品的标识法规，新法规规定，产品的转基因成分含量超过1%时，需在产品上予以标注，而过去规定只有转基因含量超4%时才进行标识。另外，新的标识法规扩大到对所有包装的、散装的和冷冻的食品均有上述标识要求。同时，标识法规还适合于以转基因产品作为饲料的动物源性食品。

八、澳大利亚和新西兰

澳大利亚和新西兰于2000年11月开始采纳强制性的转基因食品标识制度。澳大利亚、新西兰食品安全局要求，含有新DNA和新蛋白的任何食品、食品成分和加工辅助成分，除不含新DNA和新蛋白的精加工食品，以及虽然曾经添加但不存在于最终产品的食品添加剂或加工辅助成分，都应该进行转基因标识。对于转基因成分非故意存在的阈值达到1%的食品或饲料，必须给予标识。而对无须标识的是那些加工辅料和食品添加剂，高度精炼的食品与香料（在最后的食品中所占的浓度小于或等于1%）。即食食品（外卖或餐厅中的）也不在转基因标识范围之内，然而消费者可以询问食品的成分是否来自转基因产品。标准中允许食品中有1%转基因食品或成分的无意掺入。

第三章　转基因动物

20世纪80年代，第一只转基因鼠诞生，随后转基因牛、羊、鱼、兔等转基因动物相继诞生（表3-1）。特别是1997年2月27日《自然》杂志封面，报道了罗斯林研究所的一项重大技术突破：世界上第一只体细胞克隆羊“多利”诞生（图3-1）。世界的目光再次在克隆和转基因动物身上聚焦。转基因动物及其产品的研发不再仅仅是一个生物学研究热点，而成为全世界关注的一个焦点，牵动着整个社会的神经。在为这一神奇的生物技术领域上的重要突破欢呼的同时，各种伦理学、社会学的激烈争论也随之展开，此消彼长。在“神”与“恶魔”的争论声中，动物转基因技术却得到了迅猛的发展。转基因动物及其产品逐渐增多，并走入了人们的生活，成为与人们的生活息息相关的一部分。相比较转基因植物而言，到目前为止，大部分的转基因动物产品仍处在研发阶段，获批上市的转基因动物产品屈指可数。2006年，欧盟药品管理局批准由转基因山羊乳汁产生的商品名为Atryn的人类抗凝血因子在欧盟上市，2009年，美国食药监局（美国食品药品监督管理局的简称）批准其在美国上市。这是世界范围内第一个获得批准上市的转基因动物产品。2015 年，美国食药监局批准了转基因鲑鱼上市，这是第一个获得批准的用于食用的转基因动物产品。中国尚未批准任何转基因动物产品入市。

表 3-1 转基因动物大事纪

年份	事件	年份	事件
1980	转基因鼠	2006	欧盟批准 ATryn 上市
1982	超级小鼠	2009	美国批准 ATryn 上市
1984	转基因羊	2015	美国批准转基因鲑鱼上市
1997	第一只克隆羊“多利”诞生		

图 3-1 世界上第一只体细胞克隆羊“多利”

虽然没有数量众多的产品，但由于转基因动物在医药、畜牧、环保等领域，具有巨大的潜在价值，因而转基因动物及其产品的研发在世界上很多国家都如火如荼地开展。按照用途分，转基因动物主要有以下几类：利用生物乳腺反应器进行生物制药；利用转基因动物构建人类疾病动物模型；利用转基因动物生产人类器官，用于异种器官移植；用于提高家畜产品品质和提升产量；用于动物的抗病育种；用于减少畜牧业污染以及生产观赏动物等。

第一节　转基因动物及其产品概况

顾名思义，转基因动物就是通过基因工程手段，将外源DNA稳定整合到动物基因组中，所形成的动物个体。这个概念有两层含义：一是有外源基因的导入，二是稳定整合。稳定整合的深层含义是指这一基因改变能够稳定遗传给后代。随着转基因技术的不断发展，转基因动物的内涵也随之发生变化。出现了基因打靶、RNAi等新的技术手段，可以实现基因的插入、敲除和精确的修饰。即不再是仅仅局限于插入外源的，也就是来自其他物种的基因，如人的基因转入动物体内；而是通过新的技术手段可以对自身的遗传物质进行精确的修饰，如利用锌指和TALEN技术，通过对自身基因组中单个碱基的操作，实现目的基因功能的失活。所以，转基因动物越来越多地被另外两个称呼——基因修饰动物和改性活生物体所取代。

主要的动物转基因技术有：显微注射、体细胞核移植、逆转录病毒载体、胚胎干细胞、精子载体、原始生殖细胞介导、人工染色体、基因打靶技术。最常用的是显微注射和体细胞核移植技术。

转基因动物产品的研发有两大驱动力：一是科学技术的发展，有其探究生物奥秘的内在需求；二是社会发展，人类生活中有诸多亟待解决的问题，需要新技术的出现来提供解决方案。转基因动物及其产品的研究绝不是象牙塔中少数科学家曲高和寡的游戏，而是在未来可能帮助我们创造更多惊喜的解决人口众多、资源匮乏、疫病疫情多、环境污染等社会问题的一把钥匙。

转基因动物产品应用范围非常广泛，涉及农业、食品、医药、环保和工业领域。具体在以下几个方面：以用于预防、治疗、诊断罕见病的孤儿药为主的药物研发和生产；以异种器官移植为目的的转基因动物研究；建立疾病模型，用以开展病理和药理研究；以提高畜产品质量和产量以及抗病性的转基因动物新品系的培育；以提高水产渔业产品产量和抗病性的新品种研发；以防治污染为目的的环保猪和转基因鱼的研发等。

一、医学研究和药物生产

1. 生物制药

利用转基因动物进行生物工业制药已在技术储备上走向完善和成熟，这方面的研究最具诱惑力和商业价值。截至目前，主要是把转基因动物作为生物反应器，生产稀有的、用其他方法不易得到的、有生物活性的人类药用蛋白等药物。主要的动物生物反应器有：乳腺生物反应器、血液生物反应器、膀胱生物反应器、精液生物反应器、家禽生物反应器等。其中，发展最快的是动物乳腺生物反应器。

乳腺生物反应器表达蛋白种类从最初的抗凝血酶Ⅲ（ATryn）、抗胰蛋白酶（hAAT）、蛋白 C（hPC）、纤维蛋白原（hFIB）、血清白蛋白（hSA）、凝血因子Ⅷ（hF-Ⅷ）和Ⅸ（hF-Ⅸ）等血源产品扩展到市场潜力巨大、其他系统难以生产且在乳腺中表达有明显优势的组织型纤溶酶原激活剂（tPA）、乳铁蛋白（hLF）、葡萄糖苷酶（hGlu）、抗体、超氧化物歧化酶（hSOD）等，其中近 30 种进入临床开发，而用于治疗抗凝血酶缺乏症的 ATryn 已上市。

2006 年，欧盟药品管理局正式批准商品名为 ATryn 的人类抗凝血酶上市。ATryn 由 GTC 生物治疗公司研发，提取自转基因山羊的乳汁，能抑制血液中凝血酶的活性，预防和治疗急慢性血栓，对凝血酶缺失症具有显著疗效。2009 年，FDA 首次批准由转基因动物生产的药物 ATryn 在美国上市（图 3-2）。

此外，由荷兰 Pharming 公司研发的转基因兔乳汁中提取的人 C1 酯酶抑制因子，作为一种治疗遗传性血管性水肿（HAE）的药物，已分别于 2010 年和 2014 年通过欧洲药品管理局和美国 FDA 批准上市。

2. 人类疾病动物模型

转基因动物模型通过精确地失活某些基因或增强某些基因的表达来制作各种各样的研究人类疾病（诸如 AIDS 这样的疾病）的动物模型、治疗模型和新药筛选模型，对诊断和开展遗传疾病的研究十分有效。目前已建立的疾病模型有：

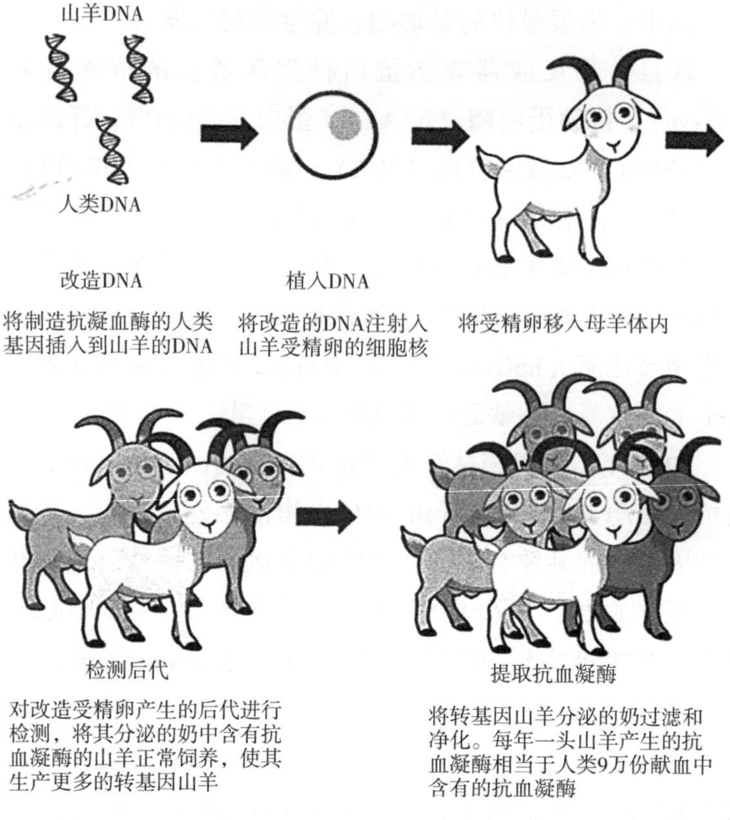

图 3-2　ATryn 的生产过程

癌症、动脉粥样硬化、镰状细胞性贫血、囊状纤维化、红细胞增多症、肝炎、免疫缺陷、自发性高血压等。

中国首例转基因猕猴在云南昆明培育成功，为未来人类重大疾病的非人灵长类动物模型的深入研究奠定了坚实基础。两只转基因猕猴在外观上与普通猕猴无异，但在特殊光照下，通体会呈现绿色。此前，国际上有美国和日本科学家成功获得转基因猴模型。

3. 异种器官移植

对器官供体动物研究较多的是猪。国外相关机构利用猪胎儿神经细胞、胰腺细胞等作为供体，治疗人类帕金森病和糖尿病等疾病。

中国利用猪作为异种器官移植供体方面的研究，已取得了阶段性成果。第三军医大学西南医院烧伤研究所研制出转基因猪皮。中国农业科学院北京畜牧兽医研究所成功培育出我国首例敲除超急性免疫排斥基因的异种器官移植猪，有望解决异种器官移植时出现的超急性排斥反应。美国和中国南京医科大学都克隆出的一种“万能猪”，其体内导致猪器官与人血不相容的猪 DNA 片段已被移除，已利用其救活了两只肾衰竭的猴子和 5 只患糖尿病的猴子。

在生物学、医学的发展上，转基因动物做出了巨大的贡献，特别是在孤儿药的研发和生产方面。与传统的制药方法相比，利用乳腺生物反应器生产药物蛋白的成本更低，效率更高，质量更好。因此，随着全世界对药用蛋白和疫苗的不断需求，利用转基因动物作为药物生产工厂是未来的趋势。

二、畜牧业

1. 改善畜产品品质

转基因技术用于育种，不仅可以加快改良遗传性状的进程，使选择的效率提高，改良的机会更多，而且可以稳定地整合外源基因，还能将这种性状遗传给后代，包括提高肉、乳、羊毛等品质和产量，加快生长速度等。例如，ω-3 多不饱和脂肪酸是参与人体和动物的重要生理机能物质，能有效预防高血压、血栓等心血管疾病，但动物体基本不能合成，必须从食物中摄取，因此，提高动物肉质中 ω-3 多不饱和脂肪酸含量，能为人类提供更健康的动物来源食物。通过在普通猪体内利用转基因技术转入菠菜 Δ-12 去饱和酶基因（*fad*-2），获得了 ω-6 型不饱和脂肪酸的含量高的转基因猪；将线虫 *fat*-1 基因转入猪体内，猪体内的 ω-6 型多不饱和脂肪酸被 *FAT-1* 蛋白转变成了 ω-3 型多不饱和脂肪酸，猪肉的营养价值得到了很大的提高；向家畜体内转入 ω-6 脂肪酸脱氢酶基因（*fat*-1），提高家畜体内的多不饱和脂肪酸含量，极大程度地改善了人们膳食的营养结构，促进了人类健康。

通过转基因技术可以制备出不同特性的牛奶，如改变牛奶成分、生产功能牛奶，以满足人们多样化的需求。研究人员将人类相关基因转入奶牛体内，生产的牛奶会含有人类蛋白质，有助保护初生婴儿免受细菌感染。如敲除合成乳糖的α-乳白蛋白位点或在乳腺中表达乳糖酶的转基因牛，可以生产出乳糖含量低的牛奶，这深受糖尿病病人和那些不能分解乳糖的消费者的欢迎；通过敲除β-乳球蛋白消除过敏原以生产不引起人过敏反应的牛奶；通过转入人乳清白蛋白、人乳铁蛋白、人岩藻糖转移酶的转基因奶牛，生产“人源化牛奶”；将β-酪蛋白及κ-酪蛋白的基因转入牛的基因组中，使得牛奶中这两种酪蛋白的含量大大提高。

转基因技术还可以用来改变毛色和光泽等，从而改良羊毛的品质和外观。将毛角蛋白Ⅱ型中间细丝基因导入绵羊基因组，获得的转基因羊毛光泽亮丽，羊毛中羊毛脂的含量得到明显提高。目前，英国、新西兰等主要产羊毛国家正开发一种可以生产彩色羊毛的高产转基因羊。亦有学者将蜘蛛牵丝蛋白转入山羊体内，用于生产“生物钢”。

2. 提高动物生长率

在提高生产性状方面，科学家最早将人的生长激素基因导入动物体内，如以不同的启动子携带生长激素基因导入猪的基因组中，产生的转基因猪明显提高了饲料转化率、增重率，减少了脂肪；将生长激素基因导入到兔子基因组中，产生的转基因巨兔体型和体重比普通兔大数倍；将牛耳上的细胞利用无性繁殖技术成功培育出了敲除肌肉生长抑制素基因的转基因克隆肉牛，其产肉量高，肉质更为优良。

在转基因鱼类的研究中，最早转入的是生长激素类基因，目的是改良经济性状，提高产量和生产效益。美国AquaBounty的研究人员于1989年将大洋鳕鱼和奇努克太平洋鲑鱼的DNA片段通过显微注射技术导入大西洋鲑鱼的鱼卵中，最终获得了转基因鲑鱼（transgenic founder salmon）；6年后，该公司开始了向美国官方政府申请批准发展商业化转基因鲑鱼（简称AAS）的漫漫长路，经过长达17年的评估和研究，FDA最终于2012年12月发布公告称，AAS对环境和人类健康没有重大影响，即将走向人们的餐桌。2015

年 11 月，FDA 发布公告，正式批准了 AAS 的上市，成为世界上第一例获批的可食用转基因动物。

肌肉生长抑素（MSTN）是调节肌肉生长的负调控因子，将 *Mstn* 突变或者破坏掉能使个体产生肌肉明显增长表型，提高产肉率，尤其是瘦肉的比例。利用现有科学手段基因打靶或者 RNAi 等能够获得 *Mstn* 基因缺失或者表达减弱的个体，以达到肌肉量的增加的目的。2008 年中国农业大学利用传统的打靶技术培育出了 *Mstn* 基因敲除猪。

卵泡抑素也是一种可以调控肌肉生长发育的因子，可以作为治疗肌肉营养不良或肌肉萎缩症的候选基因，同时也是改良农业家畜动物肉质的候选基因之一。通过转基因技术可以把在骨骼肌中特异表达的卵泡抑素基因整合到猪基因组中，从而解除 *Mstn* 对肌肉生长的抑制作用，促进肌肉生长发育，提高产肉率。2011 年，中国农业大学成功获得了卵泡抑素转基因猪。

3. 动物抗病育种

疯牛病、奶牛乳房炎、口蹄疫、猪瘟、猪繁殖与呼吸综合征、高致病性禽流感等动物疫病是影响畜牧业健康、可持续发展的重要因素。通过培育抗病的转基因动物新品种，将实现从源头上消灭动物疫病，这是对抗动物疫病的一个有效的新方法。如将编码溶葡球菌酶的基因转入奶牛基因组中获得转基因牛，其乳腺中表达的溶葡球菌酶也可以有效预防由葡萄球菌引起的乳房炎；使用 RNAi 技术和转基因体细胞克隆技术，分别培育出抗猪瘟和抗猪繁殖与呼吸综合征的大白猪；通过转基因技术将人溶菌酶基因转入母猪体内，使其乳腺中分泌大量重组人溶菌酶，将能显著减少仔猪腹泻；利用基因打靶技术，通过对基因 *PRNP*（朊病毒）的敲除而得到了能抑制疯牛病致病因子扩增的克隆牛；2014 年扬州大学利用精原干细胞介导法，将连接了流感病毒神经氨酸酶（NA）和抗黏液病毒基因（*Mx*）的重组载体转染到受体鸡中，得到了抗病的转基因鸡。

水生动物的抗病育种中，也引入了转基因动物的概念。科学家将惜古比天蚕蛾的抗菌肽基因导入到斑点叉尾鮰，其子代鱼抗病原菌能力明显增强；通过转入罗非鱼铁调素基因，明显提高了鱼的抗创伤弧菌感染能力；亦有科学家结合 RNAi 技术获得了抗草鱼出血病病毒的转基因稀有鮈鲫。如果转基因抗病动物大规模应用于生产，由于发病造成的直接损失和间接损失将大幅降低。

4. 减少畜牧业污染

随着养殖业的快速发展，规模化、集约化的养殖场和养殖小区不断增加，畜禽的粪便和污水排放量也随之大量增加，养殖污染问题越来越突出。利用转基因技术可控制由于动物排泄物等造成的水、土壤和空气污染。加拿大硅湖大学基因工程研究人员通过基因修改技术，用在大肠杆菌中发现的一种可产生植酸酶的基因培育出了世界上第一只“环保猪”。这种新型猪的唾液所产生的植酸酶可以有效地消化植物磷，对于环保大有裨益。预计在未来几年内这些对环保有益的猪将会商品化。

三、观赏动物

美国得克萨斯州的约克镇技术公司将海洋珊瑚虫的发光基因转移到鱼体内获得转基因斑马鱼，这种转基因斑马鱼的发光呈现两种光泽：一种是在普通光线下呈现红色；另一种是在黑暗环境中如果接受紫外线照射则发出荧光。转基因斑马鱼在 2004 年 1 月就公开在市场上出售，而公开销售的价格为每条鱼 5 美元。

科学家将绿色荧光蛋白基因（*gfp*）、红色荧光蛋白基因（*rfp*）和黄色荧光蛋白基因（*yfp*）分别导入斑马鱼体内，从而得到各种荧光闪闪、异彩纷呈的转基因斑马鱼（图 3–3）。

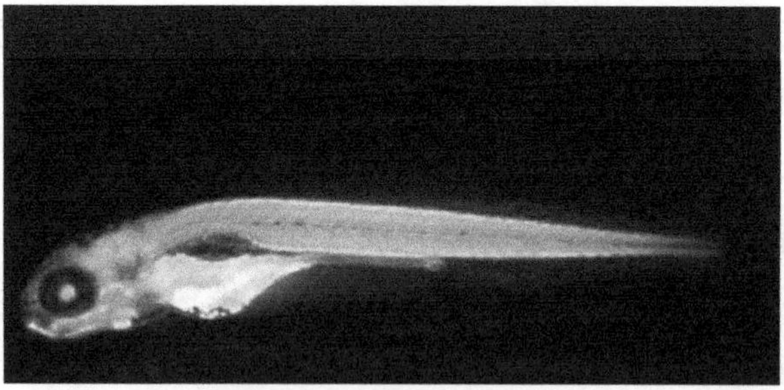

图 3–3　转基因斑马鱼

第二节　转基因动物种类

一、转基因牛

1990 年，美国 Genzyme Transgene 公司成功培育出了世界上首例乳铁蛋白转基因牛，此后，在众多科研工作者的共同努力下，转基因牛在牛乳腺生物反应器、抗病育种和品种改良等方面取得了诸多进展。

奶牛的乳房是一种天然、高效的合成蛋白质的器官，并具有良好的渗透屏障，能有效地限制外源基因表达的产物进入体循环，对转基因奶牛自身的损伤小。并且奶牛的泌乳量大，这是转基因牛的独特优势，其乳腺生物反应器就像一座生产活性蛋白的药物工厂，可以源源不断地生产出人类所需的药用蛋白。所以，奶牛乳腺生物反应器已成为 21 世纪生物制药发展的重点方向之一，具有很广阔的发展空间。目前，分别有人溶菌酶、人乳铁蛋白、人乳清白蛋白等多种转基因牛的报道，有些已经进入临床试验，部分已经进入了产业化生产。

牛乳腺炎一直是畜牧业亟待解决的问题之一，而通过转基因的方式能让牛乳中表达溶葡萄球菌酶、防御素、溶菌酶等，在一定程度上提高了牛抵御乳房炎的能力。另外，利用转基因方法培育抗疯牛病转基因牛也是目前牛抗病育种研究的热点。包括我国在内的许多国家都已成功将引起疯牛病的

PRNP 基因敲除，得到抗疯牛病的牛。

牛品种改良主要涉及牛的产肉量（包括肉质）和产奶量（包括牛乳品质）等。通过转基因技术进行品种改良，可以极大加速动物品种改良进程，同时品种改良的目标性更强。肌肉抑制素基因是一个肌肉生长抑制因子，该基因的敲除对于增加产肉量具有重要作用。

2011 年，中国农业大学首次获得了 *Mstn* 双等位基因敲除牛，该牛臀部肌肉明显比对照普通牛增多。如何改善肉品质也是育种中关注的焦点，2010 年，内蒙古大学获得了线虫 *fat-1* 转基因牛，经检测，肌肉和乳汁中 ω-3/ω-6 多不饱和脂肪酸比值得到明显提高，食用这种牛肉对于改善人饮食中不饱和脂肪酸组成，预防心脑血管疾病等具有重要作用。近年来，在牛奶品质改良方面也取得了不少进展。2003 年，科学家首次培育的转基因牛牛奶中 β-酪蛋白的含量提高了 20%，κ-酪蛋白的含量也增加了 2 倍，很大程度上提高了牛乳乳蛋白含量，增加了牛乳的营养价值。

二、转基因羊

1985 年 Hammer 等人将人生长激素基因转入绵羊中，这是世界上第一只用显微注射法培育转基因羊并取得成功的例子。随后有关转基因羊获得成功及取得突破的相关报道逐渐增多，国内外转基因羊研究取得的成果十分丰硕。

在转基因羊育种方面，主要有提高绵羊的产毛性能、改善羊奶品质及提高抗病力 3 个目的。在提高产毛性能上，科学家通过转基因手段使毛角蛋白基因过量表达或转入生长激素，结果发现转基因羊的羊毛更富光泽，毛脂的含量明显提高。目前，新西兰、澳大利亚等主要产羊毛国家正致力于开发一种可以生产彩色羊毛的高产转基因羊。在改善羊奶品质方面，主要是通过转基因技术增加有益成分含量，减少有害成分，或添加某些具有保健功能的成分以便人类利用。如将大鼠硬脂酰辅酶 A 去饱和酶基因转移到山羊中，转基因组奶样中单不饱和脂肪酸和共轭亚油酸含量显著高于对照组。在提高抗病能力方面，将增强机体免疫力的蛋白基因转入到动物基因组中，如插入 *Tlr2*、*Tlr4* 等抗病基因，使其过量表达，以提高机体免疫力。此外，敲除易感基因以及在动物乳腺等器官中特异表达抗菌肽（如溶菌酶等）也能够使动物免疫力增强，提高抗病力。朊病毒（PrP）是一种对羊极为致命的病毒粒子，能引起羊的致命性疾病，科学家通过研究已成功获得朊病毒基因敲除的转基因羊，这对畜牧业生产和人类健康都有着积极的作用。

在乳腺生物反应器研究中，许多科学家选用羊作为研究对象，因为山羊的繁殖速度比奶牛快，而蛋白质产量又比小鼠或兔子高，这一优势使得羊乳腺生物反应器的研究成果非常丰富。最值得一提的是，由 GTC 生物治疗公司研发，提取自转基因山羊的乳汁的抗凝血酶药物 ATryn 于 2006 年 6 月 2 日被欧洲药品管理局正式批准上市销售。2009 年 2 月，ATryn 获得 FDA 批准在美国上市。这是成功上市的第一例由转基因动物生产的产品。其他在羊乳腺中表达的珍贵的药用蛋白凝血因子Ⅸ、凝血因子Ⅶ、人抗胰蛋白酶、蛋白C、抗凝血酶Ⅲ、组织纤溶酶原激活剂（tPA）等目前也处于不同的临床阶段。

此外，表达蜘蛛牵丝蛋白的转基因山羊也已获得成功，这种称为“生物钢”的材料可以用于制造高级防弹衣，还能制造战斗飞行器、坦克、雷达、卫星等装备的防护罩等，用途极其广泛。

三、转基因猪

猪是与人类生活关系最为密切的家畜之一。因其妊娠期短，繁殖力很强，后代生长快等特点，猪成为常用的实验研究动物。并且猪在解剖、组织、生理和营养代谢等方面均与人类非常接近，因此，转基因猪也吸引了众多科学家投入了极大热情。近几年来，随着核移植等转基因技术的不断完善和分子生物学的迅猛发展，转基因猪在猪品质改良、人类器官移植供体和动物生物反应器、建立人类疾病模型等方面取得了诸多进展。

在猪品质改良方面，主要是生产肉质中富含多不饱和脂肪酸的猪以及提高猪的瘦肉率。日本科学家在2004年将菠菜Δ-12去饱和酶基因转入猪体内培育出6头转基因猪，其体内的不饱和脂肪酸要比一般的猪高大约20%。2006年，美国密苏里-哥伦比亚大学获得了10头转线虫*fat-1*基因（ω-3去饱和酶基因）的体细胞克隆猪，提高了ω-3系脂肪酸含量，也大大提升了猪肉的营养价值。2008年中国农业大学利用传统的打靶技术培育出肌肉生长抑制素基因敲除猪，瘦肉率明显提升。还可以通过转基因技术将在骨骼肌中特异表达的卵泡抑素基因整合到猪基因组中，从而解除肌肉生长抑制素对肌肉生长的抑制作用，促进肌肉生长发育，提高产肉率。1999 年，加拿大硅湖大学基因工程研究人员通过转基因技术，培育出了世界上第一只转植酸酶基因的“环保猪”，能更有效地利用植物性饲料中的磷元素，从而减轻磷对环境的污染问题，对于环保大有裨益。

在异种器官移植方面，由于猪在器官大小、结构和功能上与人类较为相似，是目前最有希望成为异种器官移植的理想来源。但猪细胞表面的异种抗原与人体不相容，因此，要真正实现这一目标，首先要解决器官移植过程中产生的超急性排斥反应。利用转基因技术改造异种来源器官的遗传性状为解决这一难题开辟了一条新的途径，已成为国内外的研究热点。转入的补体抑制因子即衰退加速因子（hDAF）的转基因猪及 α-1,3-半乳糖转移酶基因敲除猪的诞生，为异种器官移植展示了良好的前景。

在生物反应器利用方面，1992 年，Swanson 等科学家制备了血液中含有人血红蛋白的转基因猪，这为从人体以外的其他生命体获取珍贵的人血有效成分提供了一条新途径。

在构建人类疾病模型方面，通过精确引入或者失活与人类疾病及病原体相关基因的表达，使转基因动物产生与人类相似的疾病，在研究发病机理、药物筛选和基因治疗等方面的研究中发挥着巨大作用，为科学研究提供了重要的实验材料。目前，已有人类遗传性疾病基因打靶的哺乳动物模型、阿尔茨海默病模型、亨廷顿舞蹈症模型等数种疾病动物模型在猪上成功建立。

四、转基因鸡

同哺乳动物相比，家禽具有生殖周期短、繁殖指数高、研究投入少等有利条件，但是因为鸡与哺乳动物生理结构上的差异，鸡的转基因研究起步甚晚，进展也比较缓慢，研究主要集中在鸡输卵管生物反应器和抗病育种两方面。

鸡输卵管生物反应器作为继哺乳动物生物反应器后另一种制造药物的新方法，在未来必定会为人类带来不可估量的价值。对于生物制药产业来说，利用输卵管生物反应器来高效生产药用蛋白是一个理想的选择。相比于哺乳动物生物反应器，转基因鸡具有维持费用低、产蛋量大、外源蛋白的收集简单等诸多优点。此外，由于鸡与哺乳动物生理上的差异，一些对哺乳动物有毒副作用的蛋白也可以利用鸡来生产。目前，人促红细胞生成素和人体干扰素已成功在转基因鸡中特异表达。

利用转基因技术进行抗病育种。一方面可以通过将抗病基因导入受体中获得抗病品种；另一方面可以通过基因敲除的手段将内源的病毒受体基因破坏，从而达到抗病的效果。目前，在抗禽流感病毒及马立克病毒转基因鸡方面已取得诸多进展。最后，转基因鸡可以应用于基础科学研究。鸡是重要的生物模型，尤其是在肢的发育、体节分化、眼的发育等发育生物学领域，转基因鸡将成为重要的实验模型，加速研究进程。

五、转基因兔

家兔具有多胎、世代间隔短等特点，因而用家兔作转基因动物模型来研究外源基因的表达及人类某些特殊疾病等比用其他大家畜更经济、更合适；其泌乳量高，妊娠期短、窝产仔数多、乳蛋白含量高，在充当动物生物反应器生产异源蛋白质方面也具有重要的研究意义和开发利用价值。近十几年来，转基因兔研究有了很大进展，在改良育种、生物制药和人类疾病动物模型方面取得了显著成果。其中，由荷兰 Pharming 公司研发的转基因兔乳汁中提取的人 C1 酯酶抑制因子，作为一种用于治疗遗传性血管性水肿（HAE）的药物，已分别于 2010 年和 2014 年通过欧洲药品管理局和美国食品和药物管理局（FDA）批准上市，成为继 Atryn 之后被批准的第二种由转基因动物生产的药物。

六、转基因鱼

转基因技术在水产动物中已有 30 多年的应用研究历程，在鱼、虾、贝等不同物种中得以广泛应用和发展。其中，鱼类的转基因技术开展得最早，主要用于探究外源基因的导入对鱼的生长速度、抗病性、适应性、营养组成等生物学特性的改良作用。

在转基因鱼类的研究中，最早转入的是生长激素类基因，目的是改良经济性状，提高产量和生产效益。AquaBounty生物技术公司的研究人员于1989年将大洋鳕鱼和奇努克太平洋鲑鱼的DNA片段通过显微注射技术导入大西洋鲑鱼的鱼卵中，最终获得了转基因鲑鱼；6年后，该公司开始向美国官方政府申请批准发展商业化转基因鲑鱼（简称AAS），经过长达17年的评估和研究，FDA最终于2012年12月发布公告称，AAS对环境和人类健康几乎没有影响，即将走向人们的餐桌。2015年11月，FDA发布公告，正式批准了AAS的上市，成为世界上第一例获批的可食用转基因动物。

斑马鱼是现在较常用的鱼类转基因模式动物，通过转入绿色荧光蛋白基因可以作为研究发育人类疾病模型、环境检测的动物，也可以作为生物反应器。2003年11月，国立新加坡大学利用转荧光蛋白基因产生了五颜六色的斑马鱼，注册专利转让给了美国一家公司，生产的转荧光蛋白基因观赏鱼GloFish已在世界许多国家销售。

本节所列的转基因动物信息种类并不全面，经过世界各国致力于动物转基因领域的科学家们的不懈努力，其前景已初露端倪，人们有理由相信，未来转基因动物及其产品会在更多领域发挥重要作用。

【小知识】

转基因的主要生产商

生产转基因动物产品的公司主要有美国Genzyme Transgenics Corp（GTC）、荷兰 Pharming B. V（PBV）、英国 PPL Therapeutics（PPL）等公司。

美国 GTC 公司以生产药用重组蛋白和单克隆抗体为重点，在不同动物乳腺中表达 65 种蛋白，具有最成熟的山羊乳腺生物反应器构建技术平台，拥有通过核移植技术制备山羊乳腺生物反应器核心专利。2009 年，FDA 首次批准上市的 ATryn 就是 GTC 公司利用山羊乳腺表达用于治疗人抗凝血酶缺乏症的药物，同时也是世界上首个上市的转基因动物表达药物。此外，GTC 公司率先用乳腺生物反应器制备单克隆抗体，获得美国单抗生产专利保护，已在小鼠和山羊乳汁中高水平表达多种单克隆抗体，如对实体瘤有疗效的 CD137 已处于临床试验阶段。GTC 公司先进的技术吸引了多家公司与其合作，如与 LFB 生物技术公司合作利用兔乳腺生物反应器研发凝血因子 hFⅦ、与 Merrimack 公司在山羊乳腺生物反应器中研发的 α-胎儿蛋白（hα-FP）已经进入临床Ⅱ期等。

荷兰 PBV 公司致力于研究构建转基因兔和牛的技术平台，拥有 36 项专利，重点研发 C1-抑制因子（C1-INH）、纤维蛋白原（hFIB）、胶原蛋白（hCOL）等，其专利多涉及牛乳腺生物反应器的商业开发。PBV 公司在兔乳腺中表达的药用蛋白 C1-INH 对治疗遗传性的血管性水肿有特效。此外，PBV 公司与 Infugn 公司合作，运用核移植技术成功地在牛乳腺中高效表达纤维蛋白原。

英国 PPL 公司曾致力于构建绵羊乳腺生物反应器，并与因克隆出绵羊“多利（Poly）”而闻名世界的罗斯林研究所合作，拥有专利12项。PPL公司用转基因绵羊生产用于治疗囊性纤维化的α1-抗胰蛋白酶（AAT）。该公司还研究用转基因绵羊生产3种凝血因子：凝血因子Ⅷ、凝血因子Ⅸ和蛋白C。他们也在从事在转基因兔乳汁中表达多肽的研究。

此外，美国Genentech、Wyeth-Ayerst等公司也参与了转基因动物产品的开发。

由于乳腺生物反应器的产业化前期投入大、上市的产品少和专利瓶颈、企业对风险大的药用蛋白顾虑多等因素，国内能够完全跟上世界产业化步伐的企业寥寥无几。上海转基因研究中心和上海杰隆生物工程股份有限公司，是目前国内最大的乳腺生物反应器产业化研发基地，重点研发山羊乳腺生物反应器，主导产品是乳铁蛋白（hLF）、溶菌酶（hLz），已在国内申请多项专利。

第四章　转基因的法律与法规

第一节　首部转基因法规

美国在生物技术研究领域一直处于世界先进水平，同时也是最早开展生物安全研究和立法的国家。世界上首部关于转基因生物安全管理的技术法规——《重组 DNA 分子研究准则》，是由美国国立卫生研究院（简称 NIH）在 1976 年制定的，该准则在美国的转基因生物研究与监督管理方面发挥了重要作用，为各国后续的转基因生物安全法律法规体系的形成奠定了基础。

一、首部转基因法规产生背景

20 世纪 60 年代末，斯坦福大学诺贝尔奖获得者生物化学教授保罗·伯格（Paul Berg）在对猿猴病毒 SV40 的研究中，使用连接酶将两段来源不同的 DNA 连接到一起，获得了世界上第一例重组 DNA。保罗·伯格开创了转基因生物技术研究的先河，同时引发了对生物安全问题的关注。1975 年 2 月 24—27 日，来自全球 12 个国家的 140 余名科学家、政府官员、法律专家和记者在美国加利福尼亚举行了著名的阿西洛马（Asilomar）会议。经会议充分讨论，科学家达成《阿西洛马会议建议书》，确立了关于重组DNA技术的基本策略，包括认可其对于生命科学的意义，正视其潜在的生物安全风险，在保证安全的前提下鼓励继续研究。阿西洛马会议是世界第一次大范围深入讨论转基因生物安全性的正式会议，具有里程碑式的意义。基于《阿西洛马会议建议书》，美国国立卫生研究院于1976年颁布《重组DNA分子研究准则》，成为首部转基因生物技术安全管理法规。

二、首部转基因法规的内容

《重组DNA分子研究准则》是对转基因生物技术及制品进行建构和操作实践的详细说明，包括了一系列安全措施。准则还设立了重组DNA咨询委员会、DNA活动办公室和生物安全委员会等机构，负责为重组DNA活动提供咨询服务，确定重组DNA试验的安全级别并监督安全措施的实施。准则将重组DNA试验按照潜在危险性程度分为4个级别。

危险性最大的重组DNA试验在开始前就须经重组DNA咨询委员会进行特别评估，并由生物安全委员会、项目负责人和国立卫生研究院批准。

危险性较大的重组DNA试验批准程序虽不如前者复杂，但也须经生物安全委员会批准。

危险性较小的试验无须批准，仅在开始时向生物安全委员会通报即可。

不会对人体健康和生态环境造成损害的重组DNA试验，无须批准或通报，免受准则的约束。

另外，准则还规定了转基因生物制品运输和转移的条件和程序，在条件不成熟、程序不合法的情况下禁止其在研究机构间转移。

三、首部转基因法规的影响

该准则颁布后，对美国的转基因生物研究与监督管理发挥了重要作用，成为美国研究机构和企业进行重组DNA试验的行动指南。但当时对这一新技术的利弊评估存在着较大的分歧，对此项技术可能导致的风险估计过于严重，因而对该技术有很多很严格的限制。之后曾对该准则多次进行修改，原有限制性条款的85%被放宽或简化了。但是，美国基因工程农产品的商品化仍然必须经过农业农村部、环境保护署和食品和药品管理局的层层严格审批。之后联邦德国、法国、英国等30多个国家相继制定了同类准则，其中大多数国家以美国的《重组DNA分子研究准则》为蓝本，该准则成为各国转基因生物安全法律法规体系的基础。

第二节 中国转基因相关法律

中国对转基因的方针是一贯的、明确的，就是研究上要大胆，坚持自主创新；推广应用上要慎重，确保安全；管理上要严格，要严格依法监管。目前，中国也借鉴了美国、欧盟等先进国家组织的一些做法，结合中国国情，制定了《农业转基因生物安全管理条例》《农业转基因生物安全评价管理办法》《农业转基因生物进口安全管理办法》《农业转基因生物标识管理办法》《农业转基因生物加工审批办法》《进出境转基因产品检验检疫管理办法》等一系列的法律法规、技术规则和管理体系，为中国转基因安全管理提供法律依据。

一、国务院颁布的转基因管理的相关法规

为适应新时期转基因管理的需求，加强农业转基因生物安全管理，保障人体健康和动植物、微生物安全，保护生态环境，促进农业转基因生物技术研究，2001 年 5 月 23 日国务院制定了《农业转基因生物安全管理条例》（中华人民共和国国务院令第 304 号），根据 2011 年 1 月 8 日《国务院关于废止和修改部分行政法规的决定》（国务院令第 588 号）进行修订，根据 2017 年 10 月 7 日《国务院关于修改部分行政法规的决定》（国务院令第 687 号）再次修订，这是中国一系列法律法规、技术规则和管理体系的根本依据。

为更好解决涉及农业转基因生物安全管理工作中的重大问题，国务院办公厅于 2007 年 10 月 12 日颁布了《农业转基因生物安全管理部际联席会议制度》，确定了由 12 个部门的负责人组成农业转基因生物安全管理部际联席会议，负责研究和协调农业转基因生物安全管理工作中的重大问题，同时该制度明确了工作规则和工作要求。

二、国务院科学技术行政部门颁布的转基因管理的相关法律

为了促进中国生物技术的研究与开发，加强基因工程工作的安全管理，保障公众和基因工程工作人员的健康，防止环境污染，维护生态平衡，1993年12月24日，国家科学技术委员会（以下简称国家科委）[①] 制定了《基因工程安全管理办法》（国家科学技术委员会令第17号）。

三、国务院农业行政主管部门颁布的转基因管理的相关法规

为了促进中国农业生物基因工程领域的研究与开发，加强安全管理，防止遗传工程体及其产品对人类健康、人类赖以生存的环境和农业生态平衡可能造成的危害，根据国家科委发布的《基因工程安全管理办法》，随着技术不断发展，1996年7月10日，农业部[②]发布了《农业生物基因工程安全管理实施办法（修正）》（农业部令第39号），明确从事基因工程工作的人员必须对基因操作进行准确评价，包括：转基因方法，载体的特性，基因的来源、功能、表达及稳定性。已于2002年废止。

为了加强农业转基因生物安全评价管理，保障人类健康和动植物、微生物安全，保护生态环境，根据《农业转基因

---

① 现为科学技术部。

② 现为农业农村部。

生物安全管理条例》的有关规定，2002 年 1 月 5 日农业农村部颁布《农业转基因生物安全评价管理办法》（农业农村部令第 8 号），并于 2004 年 7 月 1 日第一次修订（农业农村部令第 38 号），2016 年 7 月 25 日再次修订（农业农村部令第 7 号），2017 年 11 月 30 日第三次修订（农业农村部令第 8 号）。该办法评价的是农业转基因生物对人类、动植物、微生物和生态环境构成的危险或者潜在的风险。安全评价工作按照植物、动物、微生物 3 个类别以科学为依据，以个案审查为原则，实行分级分阶段管理。

为了加强对农业转基因生物进口的安全管理，根据《农业转基因生物安全管理条例》的有关规定，2002 年 1 月 5 日农业农村部颁布《农业转基因生物进口安全管理办法》（农业农村部令第 9 号），2004 年 7 月 1 日修订（农业农村部令第 38 号），2017 年 11 月 30 日再次修订（农业农村部令第 8 号）。适用于在中华人民共和国境内从事农业转基因生物进口活动的安全管理。

为了加强对农业转基因生物的标识管理，规范农业转基因生物的销售行为，引导农业转基因生物的生产和消费，保护消费者的知情权，根据《农业转基因生物安全管理条例》的有关规定，2002 年 1 月 5 日农业农村部颁布《农业转基因生物标识管理办法》（农业农村部令第 10 号），2004 年 7 月 1 日修订（农业农村部令第 38 号），2017 年 11 月 30 日再次修订（农业农村部令第 8 号）。实施标识管理的农业转基因生物目录，由国务院农业行政主管部门商国务院有关部门制定、调整和公布。凡是列入标识管理目录并用于销售的农业转基因生物，应当进行标识；未标识和不按规定标识的，不得进口或销售。

为了加强农业转基因生物加工审批管理，根据《农业转基因生物安全管理条例》的有关规定，2006 年 1 月 27 日农业农村部颁布《农业转基因生物加工审批办法》（农业农村部令第 59 号）。该办法所称农业转基因生物加工，是指以具有活性的农业转基因生物为原料，生产农业转基因生物产品的活动。凡在中华人民共和国境内从事农业转基因生物加工的单位和个人，应当取得加工所在地省级人民政府农业行政主管部门颁发的《农业转基因生物加工许可证》（以下简称《加工许可证》）。

四、国务院卫生行政部门颁布的转基因管理的相关法规

为加强对转基因食品的监督管理，保障消费者的健康权和知情权，根据《中华人民共和国食品卫生法》（中华人民共和国主席令第五十九号）和《农业转基因生物安全管理条例》，卫生部[①]制定了《转基因食品卫生管理办法》（卫生部令第 28 号），于 2002 年 7 月 1 日起施行。随着时代发展的需要，为进一步加强对新资源食品的监督管理，保障消费者身体健康，根据《中华人民共和国食品卫生法》，2006 年 12 月 26 日经卫生部部务会议讨论通过《新资源食品管理办法》

---

① 卫生部与国家人口和计划生育委员会于 2013 年合并组建为国家卫生和计划生育委员会，于 2018 年改为国家卫生健康委员会。

（卫生部令第 56 号），于 2007 年 12 月 1 日起施行。其中，第二十七条规定“转基因食品和食品添加剂的管理依照国家有关法规执行”，同时废止《转基因食品卫生管理办法》。2013 年 5 月 31 日，国家卫生和计划生育委员会①令第 1 号公布《新食品原料安全性审查管理办法》（以下简称《办法》）。该《办法》第二十四条决定，废止原卫生部 2007 年 12 月 1 日公布的《新资源食品管理办法》。

五、国家质量监督部门颁布的转基因管理的相关法规

为加强进出境转基因产品检验检疫管理，保障人体健康和动植物、微生物安全，保护生态环境，根据《中华人民共和国进出口商品检验法》（中华人民共和国主席令第十四号）、《中华人民共和国食品卫生法》、《中华人民共和国进出境动植物检疫法》（中华人民共和国主席令第五十三号）及其实施条例《农业转基因生物安全管理条例》等法律法规的规定，2001 年 9 月 5 日，国家质量监督检验检疫总局②局务会议审议通过，2004 年 5 月 24 日起施行《进出境转基因产品检验检疫管理办法》（国家质量监督检验检疫总局令第 62 号），该办法适用于对通过各种方式（包括贸易、来料加工、邮寄、携带、生产、代繁、科研、交换、展览、援助、赠送以及其他方式）进出境的转基因产品的检验检疫。

---

① 国家卫生和计划生育委员会于 2018 年改为国家卫生健康委员会。

② 现为国家市场监督管理总局。

六、国务院林业行政主管部门颁布的转基因管理的相关法规

为了规范林木转基因工程活动审批行为，根据《中华人民共和国行政许可法》、《国务院对确需保留的行政审批项目设定行政许可的决定》（国务院令第 412 号）和国家有关规定，国家林业局①颁布于 2006 年 7 月 1 日起施行《开展林木转基因工程活动审批管理办法》（国家林业局第 49 号令），该办法是对林木转基因工程活动，包括转基因林木的研究、试验、生产、经营和进出口活动进行规范管理的依据。

七、国家烟草专卖局颁布的转基因管理的相关法规

为了促进中国烟草基因工程领域的研究与开发，加强安全管理，根据国家科委发布的《基因工程安全管理办法》和农业农村部发布的《农业生物基因工程安全管理实施办法》，国家烟草专卖局于 1998 年 3 月 26 日制定发布了《烟草基因工程研究及其应用管理办法》。该办法规定凡在中国境内进行烟草基因工程研究、田间试验及推广应用的，按本办法的规定执行。外国研制的烟草基因工程及其产品拟在中国境内进行田间试验、推广应用的，必须持有该国允许进行同类工作的证书，方可按本办法所规定的程序进行申请，否

① 现为国家林业和草原局。

则不予受理。国家烟草专卖局设立烟草基因工程管理委员会，负责对中国烟草基因工程的研究及其产品的田间试验、示范及推广应用的管理。

八、其他转基因管理相关法律法规

1.《中华人民共和国种子法》

2000年7月8日通过的《中华人民共和国种子法》第十四条对转基因品种的选育、试验、审定和推广作出如下规定："转基因植物品种的选育、试验、审定和推广应当进行安全性评价，并采取严格的安全控制措施。具体办法由国务院规定。"第三十五条对转基因种子销售标注作出如下规定："销售转基因植物品种种子的，必须用明显的文字标注，并应当提示使用时的安全控制措施。"第五十条对引进转基因植物品种作出如下规定："从境外引进农作物、林木种子的审定权限，农作物、林木种子的进口审批办法，引进转基因植物品种的管理办法，由国务院规定。"2004年8月28日及2013年6月29日对《中华人民共和国种子法》进行的两次修订均未对转基因品种相关条款作出相关修订。2015年11月4日第十二届全国人民代表大会常务委员会第十七次会议修订中，对转基因品种的选育、试验、审定和推广作出了修订，并改为总则第七条，具体规定如下："转基因植物品种的选育、试验、审定和推广应当进行安全性评价，并采取严格的安全控制措施。国务院农业、林业主管部门应当加强跟踪监管并及时公告有关转基因植物品种审定和推广的信息。

具体办法由国务院规定。”其他涉及转基因品种的条款未作修订。

2.《中华人民共和国畜牧法》

2005年12月29日通过的《中华人民共和国畜牧法》中，第二十条对转基因畜禽品种的培育、试验、审定和推广作出如下规定：“转基因畜禽品种的培育、试验、审定和推广，应当符合国家有关农业转基因生物管理的规定。”

3.《中华人民共和国农产品质量安全法》

2006年4月29日通过的《中华人民共和国农产品质量安全法》第三十条对农业转基因生物农产品的标识作出如下规定：“属于农业转基因生物的农产品，应当按照农业转基因生物安全管理的有关规定进行标识。”

4.《中华人民共和国食品安全法》

2009年2月28日通过的《中华人民共和国食品安全法》第一百零一条对转基因食品作出如下规定：“乳品、转基因食品、生猪屠宰、酒类和食盐的食品安全管理，适用本法；法律、行政法规另有规定的，依照其规定。”《中华人民共和国食品安全法》于2015年4月24日修订，第六十九条对转基因标示作出如下规定：“生产经营转基因食品应当按照规定显著标示。”第一百二十五条对生产经营转基因食品未按规定进行标示的规定“由县级以上人民政府食品药品监督管理部门没收违法所得和违法生产经营的食品、食品添加剂，并可以没收用于违法生产经营的工具、设备、原料等物品；违法生产经营的食品、食品添加剂货值金额不足一万元的，并处五千元以上五万元以下罚款；货值金额一万元以上的，并处货值金额五倍以上十倍以下罚款；情节严重的，责令停产停业，直至吊销许可证”。第一百五十一条中规定：“转基因食品和食盐的食品安全管理，本法未作规定的，适用其他法律、行政法规的规定。”

5.《农药管理条例实施办法》

为了保证《农药管理条例》（国务院令第216号）（以下简称《条例》）的贯彻实施，加强对农药登记、经营和使用的监督管理，促进农药工业技术进步，保证农业生产的稳定发展，保护生态环境，保障人畜安全，根据《条例》的有关规定，1999年4月27日农业农村部令第20号颁布《农药管理条例实施办法》，其第四十五条对《条例》所称农药进行解释，其中第四项作出如下规定：利用基因工程技术引入抗病、虫、草害的外源基因改变基因组构成的农业生物，适用《条例》和本《实施办法》。2002年7月27日农业农村部令第18号修订将该条款调整为第四十三条，未对条款内容进行修订，2004年7月1日农业农村部令第38号修订将该条款调整为第四十四条，2007年12月8日农业农村部令第9号修订未对其进行修订。

6.《兽药注册办法》

为保证兽药安全、有效和质量可控，规范兽药注册行为，根据《兽药管理条例》（国务院令第404号），2004年11月15日经农业农村部第33次常务会议审议通过《兽药注册办法》（农业农村部令第44号），其第七条规定了4种不予受理的新兽药注册申请，第二项具体规定如下：“经基因工程技术获得，未通过生物安全评价的灭活疫苗，诊断制品之外的兽药。”

7.《出入境人员携带物检疫管理办法》

为了防止人类传染病及其医学媒介生物、动物传染病、寄生虫病和植物危险性病、虫、杂草以及其他有害生物经国境传入、传出，保护人体健康和农、林、牧、渔业以及环境安全，2012年6月27日国家质量监督检验检疫总局局务会议审议通过《出入境人员携带物检疫管理办法》（国家质量监督检验检疫总局令第146号），其第十八条对携带农业转基因生物入境作出如下规定：“携带农业转基因生物入境的，携带人应当向检验检疫机构提供《农业转基因生物安全证书》和输出国家或者地区官方机构出具的检疫证书。列入农业转基因生物标识目录的进境转基因生物，应当按照规定进行标识，携带人还应当提供国务院农业行政主管部门出具的农业转基因生物标识审查认可批准文件。”第三十条第二款对携带农业转基因生物入境，不能提供农业转基因生物安全证书和相关批准文件的情况作出如下规定：“携带农业转基因生物入境，不能提供农业转基因生物安全证书和相关批准文件的，或者携带物与证书、批准文件不符的，作限期退回或者销毁处理。进口农业转基因生物未按照规定标识的，重新标识后方可入境。”

8.《主要农作物品种审定办法》

为科学、公正、及时地审定主要农作物品种，农业农村部于 2016 年 7 月 8 日发布《主要农作物品种审定办法》（农业农村部令 2016 年第 4 号），第十三条规定农作物品种审定申请应提交转 基因检测报告，转基因棉花品种还应当提供农业转基因生物安全证书；第十八条规定区域试验应当对品种进行转基因检测；第五十六条规定转基因农作物（不含转基因棉花）品种审定办法另行制定。

9.《农作物种子生产经营许可管理办法》

为加强农作物种子生产经营许可管理，规范农作物种子生产经营秩序，农业农村部于 2016 年 7 月 8 日发布《农作物种子生产经营许可管理办法》（农业农村部令 2016 年第 5 号），对转基因农作物种子生产、经营许可作出如下规定："转基因农作物种子生产、经营许可规定，由农业农村部另行制定。"

10.《中华人民共和国畜禽遗传资源进出境和对外合作研究利用审批办法》

2008 年 8 月 20 日，国务院第 23 次常务会议通过《中华人民共和国畜禽遗传资源进出境和对外合作研究利用审批办法》（国务院令第 533 号）。其第四条规定，从境外引进畜禽遗传资源需具备的条件之一："符合进出境动植物检疫和农业转基因生物安全的有关规定，不对境内畜禽遗传资源和生态环境安全构成威胁。"

11.《水生生物增殖放流管理规定》

2009 年 3 月 20 日，农业农村部第 4 次常务会议审议通过《水生生物增殖放流管理规定》（农业农村部令第 20

号)。其第十条对增殖放流的亲体、苗种作出如下规定:“用于增殖放流的亲体、苗种等水生生物应当是本地种。苗种应当是本地种的原种或者子一代,确需放流其他苗种的,应当通过省级以上渔业行政主管部门组织的专家论证。禁止使用外来种、杂交种、转基因种以及其他不符合生态要求的水生生物物种进行增殖放流。”

12.《农业植物品种命名规定》

根据《中华人民共和国种子法》《中华人民共和国植物新品种保护条例》和《农业转基因生物安全管理条例》,2012 年 3 月 1 4 日公布的《农业植物品种命名规定》(农业农村部令 2012 年第 2 号)第二条规定:“申请农作物品种审定、农业植物新品种权和农业转基因生物安全评价的农业植物品种及其直接应用的亲本的命名,应当遵守本规定。”第六条对品种名称的一致性作出如下规定:“申请人应当书面保证所申请品种名称在农作物品种审定、农业植物新品种权和农业转基因生物安全评价中的一致性。”第十五条对农业转基因生物安全评价的农业植物品种的公示期作出如下规定:“申请农作物品种审定、农业植物新品种权和农业转基因生物安全评价的农业植物品种,在公告前应当在农业农村部网站公示,公示期为 15 个工作日。省级审定的农作物品种在公告前,应当由省级人民政府农业行政主管部门将品种名称等信息报农业农村部公示。”第十八条对农业转基因生物安全评价过程中品种名称问题作出如下规定并规定了惩罚措施:“申请人以同一品种申请农作物品种审定、农业植物新品种权和农业转基因生物安全评价过程中，通过欺骗、贿赂等不正当手段获取多个品种名称的，除由审批机关撤销相应的农作物品种审定、农业植物新品种权、农业转基因生物安全评价证书外，三年内不再受理该申请人相应申请。”

第三节　国外转基因生物安全管理法规

一、美国转基因生物安全管理法规

1976年，美国颁布了由美国国立卫生研究院制定的《重组DNA分子研究准则》。1986年6月，白宫科技政策办公室正式颁布了《生物技术法规协调框架》，形成了转基因监管的基本框架。

转基因生物管理由美国农业农村部、环境保护署、食品和药品管理局共同负责，主要基于现行法规。农业农村部主要职责是监管转基因植物的种植、进口以及运输，主要依据是2000年的《植物保护法案》。该法案整合了以前的《联邦植物害虫法案》《有害杂草法案》和《植物检疫法案》。环境保护署的监管内容主要是转基因作物的杀虫特性及其对环境和人的影响，根据《联邦杀虫剂、杀真菌剂、杀啮齿类动物药物法案》监管。环境保护署监管的并不是作物本身，而是转基因作物中含有的杀虫和杀菌等农药性质的成分。食品和药品管理局负责监管转基因生物制品在食品、饲料以及医药等中的安全性，主要法律依据是《联邦食品、药品与化妆品法》。各部门的管理范围由转基因产品最终用途而定，一个产品可能涉及多个部门的管理，各部门也建立了相应的管理条例、规则。

2002年8月，美国公布了联邦法案67 FR 50578，旨在减少转基因作物在田间试验过程中，外源基因和转基因产品对种子、食品和饲料的混杂。法案制定的原则：一是转基因植物田间试验的控制措施应当与转入蛋白和性状所带来的对环境、人体和动物的风险一致；二是如果转入性状或蛋白存在不可接受或不能确定的风险，田间试验应当严格控制杂交、种子混杂的发生，以及外源基因及其产物在任何水平对种子、食品和饲料的混杂；三是即使转入性状或蛋白不存在对环境或人类健康不可接受的风险，田间试验也应尽量减少杂交和种子混杂的发生，但外源基因及其产物可以在法规允许的阈值下，低水平存在于种子、食品和饲料中。

2016年，美国通过了《国家生物工程食品信息披露标准》，将于2018年7月29日正式生效。该标准统一了转基因食品标识方法，避免各州各自为政、部分州与联邦对立的局面，减少州际食品生产和交易的成本。在要求统一披露的同时，也为经营者提供了多种信息披露的方式。

二、欧盟转基因生物安全管理法规

欧盟对于转基因生物管理设立了多个专项法规，其成员国按照欧盟委员会制定并颁布统一的法律和指令，对转基因生物及其产品实施管理。

1990年，欧盟颁布了《关于限制使用转基因微生物的条例》（90/219/EEC），并颁布了两个配套法规《转基因微生物隔离使用指令》（98/8L/EC）和《关于从事基因工程工作人员劳动保护的规定》（90/679/EEC和93/88/EEC），同时颁布《关于人为向环境释放（包括投放市场）转基因生物的指令》（90/220/EEC）。1997年6月，97/35/EC号指令修订了90/220/EEC号指令。

1997年1月，欧盟制定并颁布了《关于新食品和新食品成分的管理条例》（97/258/EEC），对转基因生物和含有转基因生物成分的食品进行评估和标识管理。以后又相继出台了《关于转基因食品强制性标签说明的条例》（1139/98/EC）、《关于转基因食品强制性标签说明的条例的修订条例》（49/2000/EC）和《关于含有转基因产品或含有由转基因产品加工的食品添加剂或调味剂的食品和食品成分实施标签制的管理条例》（50/2000/EC）3个补充规定。但97/258/EEC条例中对转基因生物制成的饲料并未作出规定，因此，目前欧盟对转基因饲料并未实施追踪和标识。

21世纪以来，欧洲议会和欧盟理事会根据转基因生物技术的发展情况，修订、新拟了一些转基因生物安全管理的法规。欧洲议会和欧盟委员会2001年3月12日发布的2001/18号指令涉及了有意释放转基因生物进入环境内容，同时废除90/220号指令。2002年1月28日发布的178/2002号法规，列出了食品法律的一般原则和要求，建立了欧洲食品安全局（EFSA），并规定了食品安全事宜的程序。2003年7

月 15 日颁布的 1946/2003 号条例涉及了转基因生物的越境转移内容。2003 年 9 月 22 日发布的 1829/2003 号法规涉及了转基因食品和饲料内容。2003 年 9 月 22 日发布的 1830/2003 号法规，提及转基因生物可追溯性和标签、由转基因生物生产的食品和饲料产品的可追溯性，修订了 2001/18 号指令。2004 年 4 月 29 日发布的 882/2004 号是为确保遵守饲料食品法律、动物健康和动物福利规则而开展的官方控制的法规。2009 年 5 月 6 日发布的 2009/41 号，是有关转基因微生物封闭使用的指令。欧盟委员会 2004 年 4 月 6 日颁布了 641/2004/EC 条例，该条例是为执行欧洲议会和理事会 1829/2003 号条例而制定的实施细则。2015 年，欧洲议会和欧洲理事会发布的 2015/412 号指令，对 2001/18 号指令进行一些修订，允许成员国自行决定是否在本国区域内种植转基因植物。

三、澳大利亚转基因生物安全管理法规

在澳大利亚，基因技术管理办公室负责监管转基因生物的相关工作，包括实验室研究、田间试验、商业化种植以及饲用批准。食品标准局负责对利用转基因产品加工的食品进行上市前必要的安全评价工作，并设定食品安全标准和标识要求。

基因技术管理办公室管理依据为 2001 年 6 月 21 日实施的《基因技术法案》（2000），其目的是“通过鉴定基因技术产品是否带来或引起风险，以及对特定的转基因生物操作

进行监管来管理这些风险，进而保护人民的健康和安全，保护环境”。《基因技术法规》（2001）、澳大利亚联邦政府和各州各地区间的《基因技术政府间协议 2001》以及各州各地区的相应立法，进一步支持《基因技术法案》的实施。

根据《基因技术法案》的规定，转基因生物试验，研制、生产、制造、加工，转基因生物育种、繁殖，在非转基因产品生产过程中使用转基因生物，种植、养殖或组织培养转基因生物；进口、运输、处置转基因生物等活动均适用于该法。分为以下几种类型管理：第一种类型是免于管制活动；第二种类型是显著低风险的活动；第三种类型是无意释放到环境中去的活动；第四种类型是有意释放到环境中去的活动；第五种类型是转基因生物注册；第六种类型是无意活动；第七种类型是应急活动。

对于需要获得许可证的转基因生物相关管理工作，是根据《基因技术法案》《基因技术管理条例》以及州/特区政府相关立法中规定的关于许可证申请的监管评估要求进行的。每个许可证申请中的风险评估和风险管理计划是决定是否签发许可证的基础。

根据澳大利亚、新西兰《食品标准法典》条款 1. 5. 2 规定，要求对来源于转基因植物、动物和微生物的食品进行监管。食品标准局代表澳大利亚联邦政府、州、特区政府和新西兰政府开展转基因食品的安全评价。该条款对转基因食品的标识进行了规定，规定于 2001 年 12 月开始实施。

四、巴西转基因生物安全管理法规

巴西转基因生物安全管理法规体系由法律、法令和部门制定法构成。1995 年 1 月 5 日，巴西公布第一个关于转基因的法律——第 8974 号法，规定了基因工程技术的使用以及基因工程生物释放到环境的要求，同时赋予国家生物技术安全委员会执行权力。

巴西参议院 2004 年 12 月 21 日批准了允许 2004—2005 年度种植转基因大豆的第 223 号临时法令。2005 年 3 月 24 日，巴西颁布了新的生物安全法——第 11105 号法。新的生物安全法包括 42 个条款，在制度上建立了国家生物安全理事会，重组了国家生物技术安全委员会，建立国家生物安全政策，规定了管理和检验机构、内部生物安全委员会制度、内部生物安全委员会和公民及行政管理职责。按照新生物安全法，在巴西境内从事转基因生物及其产品的研究、试验、生产、加工、运输、储藏、经营、进出口活动都应当遵守法规的规定。新生物安全法中，对违法行为的处罚十分严厉，分为行政处罚和刑事处罚两种。

2005 年 11 月 22 日颁布了新的法令，即第 5591 号法令，它是第 11105 号法的实施条例。国家生物技术安全委员会根据新法律、新法令，2006—2008 年共制定和颁布了 6 件标准决议。2006 年 6 月 20 日公布第 1 号规范决议，2006 年 11 月 27 日公布第 2 号规范决议，2007 年 8 月 16 日公布第 3 号规范决议和第 4 号规范决议，2008 年 3 月 12 日公布第 5 号规范决议，2008 年 11 月 6 号公布第 6 号规范决议。国家生物安全理事会发布了 4 个政策性文件，2008 年 1 月 29 号公布理事会第 1 号决议，2008 年 3 月 5 日公布理事会第 2 号决议和理事会第 3 号决议，2008 年 7 月 31 日公布理事会第 4 号决议。

2003 年，巴西司法部发布了第 2658 号行政条例，建立了食品标识体系，规定食用或饲料用食品或食品成分若含有超过 1%的转基因生物或其副产品，必须在商标上注明相关信息。

五、阿根廷转基因生物安全管理法规

阿根廷从 1991 年开始对转基因生物活动进行监管。阿根廷第 124/91 号决议，成立了国家农业生物技术咨询委员会，确定国家农业生物技术咨询委员会的管辖范围和程序。第 328/97 号决议规定国家农业生物技术咨询委员会的成员资格。18284 法案是阿根廷食品法典。第 289/97 号决议确定国家食品安全与质量服务局对转基因食品的管辖权限。

阿根廷农业产业部第 763/11 号决议确定了一系列针对转基因植物、动物和微生物管理活动的指导方针，第 701/11 号决议是第 763/11 号决议的补充，一般适用于未获得商业批准的转基因生物品种，包括监管下的试验许可和商业释放的环境风险分析。第 437/2012 号决议，对申请者适应性、农业生态体系环境风险分析、生物安全活动等提出了管理要求。第 241/2012 号决议规定了转基因植物在生物安全大棚内种植的批准要求。第 17/2013 号决议规定阿根廷种子和转基因生物的生产的管理要求。第 173/2015 号决议有关于生物改良新技术的管理，规定了新技术产品是否可以认作转基因产品的评估程序。第 226/197 决议规定了监管措施要求。第 498/2013 号决议，规定转基因种子标准、分类。第 60/2007 号决议规定了针对已获得商业批准的品种通过杂交育种，获得的复合性状转基因植物的管理要求。第 318/2013 号决议规定了与已通过风险分析评估的品种，在生物结构上相似的品种的管理要求。对于转基因动物，第 57/2003 号决议规定了试点环境释放的有关许可要求，第 177/2013 号决议规定了农用转基因动物的进口管理要求。对于转基因微生物，第 656/1992 号决议规定了实验和环境释放批准要求以及转基因微生物产品在动物上应用的有关要求。

六、加拿大转基因生物安全管理法规

转基因生物安全管理由加拿大食品监督局、卫生部、环境部基于现行法规共同负责。在加拿大监管方针和法律中，拥有与传统植物不同或全新性状的植物或产品，被称为“新性状植物”或“新型食品”。新性状植物定义为植物品种基因型拥有的特性，与在加拿大内种植常规种子获得的稳定种群的特性不尽相同或不实质等同，而且通过特异的遗传改变方法有意选择、创造或引入的特性。

加拿大食品监督局、卫生部、环境部 3 家机构共同监管新性状植物、新型食品以及所有拥有以前在农业和食品生产

中未使用过的新特性的植物或产品。加拿大对转基因产品采取自愿标识。

加拿大食品监督局依据《消费者包装和标签法》《饲料法》《化肥法》《食品和药品法》《动物卫生药品法规》《种子法》《植物保护法》等法律和《饲料法规》《化肥法规》《动物卫生法规》《食品和药品法规》等法规，负责生物技术来源的植物和种子（包括拥有新性状的植物和种子）、动物、动物疫苗和生物制剂、化肥、牲畜饲料的管理。

加拿大卫生部依据《食品和药品法》《加拿大环境保护法》《有害生物防治产品法》等法律和《化妆品法规》《食品和药品法规》《新型食品法规》《医疗器械法规》《新物质通知法规》《有害生物防治产品法规》等法规，开展源于生物技术的食品、药品、化妆品、医疗器械、有害生物防治产品的管理。

加拿大环境部依据《加拿大环境保护法》等法律和《新物质通知法规》等法规，对《加拿大环境保护法》规定的生物技术产品，比如用于生物降解、废物处置、浸矿或提高原油采收率的微生物进行管理。《新物质通知法规》适用于不受其他联邦法律管制的产品。

加拿大渔业及海洋部依据《渔业法》和《新物质通知法规》对转基因水生生物的潜在环境释放风险进行管理。

七、日本转基因生物安全管理法规

日本管理转基因生物的法规体系的建设按照政府机构职

能进行分工，对转基因生物的研发、开发、生产、上市及进出口规定由文部科学省、厚生劳动省、农林水产省和通产省管理，分别制定管理指南。日本按照转基因生物的特性和用途，将生物安全管理分为实验室研究阶段的安全管理、环境安全评价、饲料安全评价和食用安全评价。文部科学省负责实验室研究阶段的安全管理，农林水产省负责转基因生物的环境安全评价、饲料的安全性评价，厚生劳动省负责转基因食品的安全性评价，通产省也负责生物技术的推广和应用。

为保证农业转基因生物实验阶段的安全，日本文部科学省制定了实验阶段的安全指南，主要对实验室及封闭温室内转基因植物的研究进行了规范。相对来说对研究的管理，随着安全性的确认，越来越宽松。

为保障人类健康，日本厚生劳动省于 1991 年发布了《转基因食品安全评价指南（试行）》，2001 年 4 月起该指南正式实施。该指南规定一种转基因产品如果既通过了环境安全评价又通过了食品安全评价，或者既通过了环境安全评价又通过了饲料安全评价，则允许该转基因产品在日本进行商品化应用。

为保证农业转基因生物的环境安全，日本农林水产省发布了《农业转基因生物环境安全评价指南》，该指南主要指导研究开发人员对转基因生物的潜在风险进行评估。评估分为两个阶段，第一阶段是隔离条件下的试验，第二阶段是开放环境下的试验。此外，1996 年农林水产省又发布了《转基因饲料安全评价指南》。从 2001 年 4 月起，转基因饲料的安全评价纳入现有的《饲料安全保障与质量改进法》中强制执行。

根据《食品卫生法》和《农林产品的标准化和标识法》，日本于 2000 年 3 月发布了农林水产省第 517 号公告《转基因食品标识标准》，对在日本流通的转基因食品进行标识，该法案自 2001 年 4 月 1 日实施。2001 年 9 月、2002 年 2 月、2005 年 10 月，农林水产省分别于 2001 年、2002 年和 2005 年，3 次对转基因食品标识目录进行修改。

八、韩国转基因生物安全管理法规

韩国于 2007 年 10 月成为《卡塔赫纳生物安全议定书》的缔约方，2008 年 1 月实施《转基因生物法案》，该法案是生物技术相关领域规章制度的基本法，也是从立法层面对《卡塔赫纳生物安全议定书》的履行。贸易、工业和能源部是《卡塔赫纳生物安全议定书》的职能机构，负责《转基因生物法案》的颁布。

多个部门负责转基因的安全评价、审批与监管。管理部门包括贸易、工业和能源部，农业、食品及农村事务部，海洋和渔业部，卫生和福利部，韩国疾病控制及预防中心，食品与药品安全部，环境部，科技、通信技术及未来规划部。生物安全委员会隶属于贸易、工业和能源部。

韩国尚未批准转基因作物商业化种植。韩国对进口转基因谷物和动物的运作均遵循《转基因生物法案》。该法案经历了很长时间的酝酿，贸易、工业和能源部早在 2001 年便着手起草该法案及相关配套制度，并于2005年公开征求公众意见。草案于2006年定稿，直至2008年才试行，贸易、工业和能源部2012年12月颁布了《转基因生物法案》第一版及修订的实施条例，并明确规定了复合性状转化事件。法案没有明确区分食品饲料加工用途和种植用途的转基因产品。2013年4月，贸易、工业和能源部修订了转基因生物用于食品和饲料加工的审批规定。转基因作物需要通过食品和环境风险评估方能获得批准，评价过程涉及多个机构。

食品和药品安全部负责制定未加工和加工转基因食品的标识指南，并强制执行。依据《食品卫生法》，2001年7月13日，韩国食品和药品安全部制定颁布《转基因食品标识基准》，对于加工产品（包括成品）的27类食品进行标识管理。2016年，韩国发布《转基因食品标示标准》部分修改征集意见稿。《饲料指南》于2007年修订，要求零售商对含有转基因成分的动物饲料进行包装并标以转基因标签。

九、印度转基因生物安全管理法规

印度对转基因农作物、动物和产品的监管是根据1986年的《环境保护法》和1989年的《制造、使用、进口、出口和储存有害微生物、转基因生物和细胞》的规定，这些规则用于管理研究、开发、进口、大规模应用转基因生物及其产品。

1990年，印度科技部的生物技术局发布了《重组DNA指南》，于1994年修订。1998年，生物技术局颁布了单独的《转基因植物研究的指南》，包括用于研发的转基因植物的进口和运输管理规定。2008 年，生物工程评审委员会采用了新的《田间试验指导方针和标准操作程序》。生物工程评审委员会也更新了《转基因食品安全评价指导方针》。

2006 年 8 月，印度政府颁布了一项食品综合法即《食品安全法》，法案中罗列了管理转基因食品的具体条款，其中包括加工食品。印度食品安全标准局作为唯一的委托机构负责实施该法案。

2006 年，卫生与家庭福利部对 1955 年的《预防食品掺假》规定进行了修订，增加了对转基因食品标识的要求。对尚未批准的转基因作物和转基因食品，执行“零容忍”政策。2012 年，消费者食物、食品公共分配部消费者事务局发布了公告 G. S. R. 427（E），修订了《有包装商品的计量办法》，并于 2013 年生效。含有转基因成分的食品需要在包装顶部主要显示栏中明示“转基因”字样。

转基因产品获得批准后，申请人根据 2002 年《国家种子政策》的条款及各州具体的种子相关法规进行商用种子登记注册。在商业化推广后，联邦农业农村部和各州农业农村部门对转基因产品进行 3~5 年田间监控。

2006 年，印度商业与工业部发布了公告，明确表明进口商品中如含有转基因产品，需先获得基因工程评价委员会批准，且在进口过程中提交转基因声明。同年，环境和林业部公布了生物工程评价委员会关于转基因产品进口的相关流程。转基因种子、苗木进口遵循印度的《植物检疫程序法规》(2003)，按不同用途对进口种质资源、转基因生物、转基因植物材料分别管理。国家植物遗传资源局是发放进口许可的主管当局。

2001 年，印度颁布了《植物品种及农民权力保护法案》，转基因作物依据法案进行登记公布。

第五章　转基因的安全评价

第一节　转基因生物风险评估原则

风险评估是农业转基因生物安全管理的核心，是指通过科学分析各种科学资源，对人类暴露于转基因生物及其产品而产生的已知的或潜在的有害作用进行评价，包括危害识别、危害特征描述、暴露评估和风险特征描述 4 个部分。

风险评估按照规定的程序和标准，利用现有的所有与转基因生物安全性相关的科学性数据和信息，系统地评价已知的或潜在的与农业转基因生物有关的、对人类健康和生态环境产生负面影响的危害，通过风险评估预测在给定的风险暴露水平下农业转基因生物所引起的危害的大小，作为风险管理决策的依据。

在进行转基因生物风险评估时，一般应遵循科学原则、预防原则、个案分析原则、循序渐进原则、熟悉原则和实质等同原则。

一、科学原则

转基因生物安全管理必须建立在可信的科学性基础之上。对转基因生物及其产品的风险评估应以科学、客观的方式，充分应用现代科学技术的研究手段和成果对转基因生物及其产品进行科学检测和分析，并对评估结果作出慎重而科学的评价，不能用不科学的、臆想的安全问题或现代科学技术无法做到的，来要求对转基因生物及其产品进行评价。

二、预防原则

预防原则是在科学不确定的情况下进行实际性决策的规范原则，实施时需要对风险、科学不确定性和完全无知的情况进行识别，需要整个决策过程的透明和无歧视。它包括 4 个中心部分，分别是用于：①实施保护措施作为对科学不确定性的回应；②潜在危害支持证据的举证负担的转移；③为了同样的目标探索不同的方法；④将利益相关者纳入制定政策的过程。将预防原则引入转基因生物安全领域的最早国际法律文件是《卡塔赫纳生物安全议定书》。

具体到对转基因生物作风险分析时，预防原则是指以科学为基础，采取对公众透明的方式，结合其他的评价原则，对转基因生物及其产品研究和试验进行风险性评价，对于一些潜在的严重威胁或不可逆的危害，即使缺乏充分的科学证据来证明危害发生的可能性，也应该采取有效的措施来防患于未然。

三、个案分析原则

由于不同转基因生物及其产品中导入的基因来源、功能、克隆方法等各不相同，受体生物品种也有差异，同种基因和操作方法下插入位点也不相同。为了最大限度地发现安全隐患，保障转基因生物的安全，在对转基因生物进行安全评价的过程中，应对不同的转基因生物采取不同的评价方法，必须针对每一个转基因生物具体的外源基因、受体生物、转基因操作方式、转基因生物的特性及其释放的环境等进行具体的研究和评价，通过适宜的评估方法得到科学、准确、全面的评价结果。

四、循序渐进原则

对转基因生物进行风险评估应当分阶段进行，并且对每一阶段设置具体的评价内容，前一阶段试验获得的相关数据和安全评价信息可以作为能否进入下一阶段的评估基础，逐步而深入地开展评价工作。对转基因生物的逐步评估通常经历如下 4 个阶段：①在完全可控的环境（如实验室和温室）下进行评价；②在小规模和可控的环境下进行评价；③在较大规模的环境条件下进行评价；④进行商品化之前的生产性试验。

五、熟悉原则

所谓“熟悉原则”是指了解某一转基因植物的目标性状、生物学、生态学和释放环境、预期效果等背景信息，对与之相类似的转基因生物就具有了安全性评价的经验。

对转基因生物及其安全性的风险评估，取决于对其背景知识的了解和熟悉程度。因此，在对转基因生物进行安全评价时，必须对受体生物、目的基因、转基因方法以及转基因生物的用途和其所要释放的环境条件等因素充分熟悉和了解，这样在风险评估的过程中才能对其可能带来的生物安全问题给予科学的判断。根据类似的基因、性状或产品的使用历史情况，决定是否可以采取简化的评价程序。熟悉是一个动态的过程，不是绝对的，它随着人们不断提高认识和积累经验而逐步加深。

六、实质等同原则

实质等同原则首先在转基因食品安全领域提出，是指如果某个新食品或食品成分与现有的食品或食品成分大体相同，那么它们是同等安全的。1993 年，OECD 最先提出了实质等同性概念。实质等同并不是风险评估的终点，而是起点。对于转基因食品，采用该原则评价，其结果可能会产生 3 种情况：①转基因食品与现有的传统食品具有实质等同性；②除某些特定的差异外，与传统食品具有实质等同性；③与传统食品实质不等同。只要转基因食品与相应的传统食品实质等同，就认为与其同样安全。但是，那些与相应传统食品实质不等同的转基因食品也可能是安全的，但上市前必须经过更广泛的试验和评估。

根据国际通用原则、中国颁布的《农业转基因生物安全管理条例》及配套的《农业转基因生物安全评价管理办法》规定，中国转基因生物研究与应用要经过规范严谨的评价程序。以转基因植物为例，主要从分子特征、遗传稳定性、环境安全和食用安全4个方面进行风险评估。

分子特征从基因水平、转录水平和翻译水平考察外源插入序列的整合和表达情况，主要包括表达载体相关资料、目的基因在植物基因组中的整合情况以及外源插入序列的表达情况。

遗传稳定性主要考察转基因植物世代之间目的基因整合与表达情况。包括目的基因整合的稳定性、目的基因表达的稳定性、目标性状表现的稳定性。

环境安全主要评价转基因植物的生存竞争能力、基因漂移的环境影响、功能效率评价、有害生物抗性转基因植物对非靶标生物的影响、对生态系统群落结构和有害生物地位演化的影响、靶标生物的抗性风险。

食用安全主要评价基因及表达产物在可能的毒性、过敏性、营养成分、抗营养成分等方面是否符合法律法规和标准的要求，是否会带来安全风险。

第二节　中国农业转基因安全评价审批流程

一、安全评价制度

《农业转基因生物安全管理条例》及配套规章规定，中国对农业转基因生物实行分级分阶段安全评价制度。安全评价是农业转基因生物安全管理的核心，是通过科学分析各种科学资源，判断每一具体的转基因生物是否存在潜在的不良影响，预测不良影响的特性和程度。安委会负责农业转基因生物安全评价工作。整个评价过程由危害识别、危害特征描述、暴露评估和风险特征描述 4 个部分组成，通过安全评价预测给定暴露水平下农业转基因生物的危害大小，作为管理决策的依据。

1. 安全评价对象

农业转基因生物按照安全评价对象，分为 4 种类型：

A. 转基因植物；

B. 转基因动物；

C. 植物用转基因微生物；

D. 动物用转基因微生物。

2. 安全等级

农业转基因生物按照对人类、动植物、微生物和生态环境的危险程度，分为 4 个安全等级：

A. 安全等级Ⅰ：尚不存在危险；

B. 安全等级Ⅱ：具有低度危险；

C. 安全等级Ⅲ：具有中度危险；

D. 安全等级Ⅳ：具有高度危险。

3. 安全评价阶段

《农业转基因生物安全管理条例》及配套规章规定，我国对农业转基因生物实行分级分阶段安全评价制度。按照控制体系和试验规模，分为 5 个阶段。

（1）实验研究。在实验室控制系统内进行的基因操作和转基因生物研究工作。

（2）中间试验。在控制系统内或者控制条件下进行的小规模转基因生物试验。控制系统是指通过物理控制、化学控制和生物控制建立的封闭或半封闭操作体系。中间试验应在法人单位的试验基地开展。

试验规模以植物为例，每个试验点不超过4亩（1亩约为667平方米，全书同）。

（3）环境释放。在自然条件下采取相应安全措施所进行的中规模转基因生物试验。

试验规模以植物为例，每个试验点一般大于4亩，但不超过30亩。

（4）生产性试验。在生产和应用前进行的较大规模转基因生物试验。

试验规模以植物为例，应在批准过环境释放的省（自治区、市）进行，每个试验点试验规模大于30亩。

在中国从事上述农业转基因生物实验研究与试验的，应具备下列条件：在中华人民共和国境内有专门的机构；有从事农业转基因生物实验研究与试验的专职技术人员；具备与实验研究和试验相适应的仪器设备和设施条件；成立农业转基因生物安全管理小组。

（5）安全证书。农业转基因生物安全证书主要分为3种类型。

A. 农业转基因生物生产应用安全证书，获得安全证书的农业转基因生物可作为种质资源利用。使用范围以植物为例，应为批准过生产性试验的适宜生态区。

申请时应提交如下材料：安全评价申报书，中间试验、环境释放和生产性试验阶段的试验总结报告，农业转基因生物的安全等级和确定安全等级的依据以及其他材料等。

B. 境外研发商首次申请农业转基因生物进口用作加工原料的安全证书，获得安全证书的农业转基因生物，可作为加工原料进口至中国境内。

申请时应提交如下材料：进口安全管理登记表，安全评价申报书，输出同家或者地区已经允许作为相应用途并投放市场的证明文件，输出国家或者地区经过科学试验证明对人类、动植物、微生物和生态环境无害的资料，以及境外公司在进口过程中拟采取的安全防范措施等。

C. 境外贸易商申请农业转基因生物进口安全证书，对已获得上述第二类，即进口用作加工原料安全证书的农业转基因生物，可由境外贸易商申请将其进口至中国境内。

申请时应提交如下材料：进口安全管理登记表，农业农村部首次颁发的农业转基因生物安全证书复印件，输出国家或者地区已经允许作为相应用途并投放市场的证明文件复印件，以及境外公司在进口过程中拟采取的安全防范措施。

农业转基因生物安全证书的批准信息在农业农村部官方网站公布。一次申请安全证书的使用期限一般不超过 5 年。申报单位在取得农业转基因生物安全证书后，还要办理与生产应用或进口相关的其他手续。如转基因农作物还要按照《中华人民共和国种子法》的相关规定进行品种审定和取得种子生产经营许可后，才能生产种植。

4. 评审制度

农业转基因生物安全评价管理的不同阶段，采用不同的评审制度（表 5–1）。

表 5–1　不同阶段评审制度

评审制度	阶段
报告制	安全等级为Ⅲ级、Ⅳ级的农业转基因生物的实验研究；中间试验
审批制	中外合作、合资或外商独资公司在中国境内从事农业转基因生物的实验研究和中间试验； 进口农业转基因生物用于中间试验； 环境释放； 生产性试验； 安全证书

二、安全评价审批流程

1. 报告制申请

报告制申请流程如图 5–1 所示。

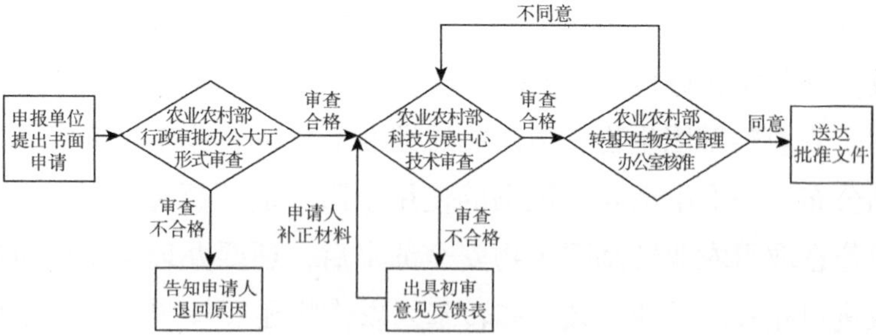

图 5–1　报告制申请流程

（1）提交申请。申请单位应按照《农业转基因生物安全管理条例》及其配套办法、评价指南等要求填写《农业转基因生物安全评价申报书》，经申请单位农业转基因生物安全小组和单位审查同意并签字盖章后，送交至农业农村部行政审批办公大厅。

（2）形式审查。农业农村部行政审批办公大厅对申请材料开展形式审查。

审查内容：申请材料的完整性、申请单位农业转基因生物安全小组和申请单位意见、试验时间和规模等。

（3）技术审查。通过形式审查的申报材料，由农业农村部科技发展中心按照有关要求进行技术审查。

审查内容：安全性评价资料的科学性、试验设计的规范性。以转基因植物为例，主要从分子特征、遗传稳定性、环境安全和食用安全4个方面进行风险评估。

（4）备案。农业农村部科技发展中心对技术审查合格的申请材料形成备案意见，报经农业农村部转基因生物安全管理办公室核准后，制作批复文件。

（5）批件发放。向申请单位发放批复文件，同时抄送试验所在地的省级农业行政主管部门。

2. 审批制申请

审批制申请如图5-2所示。

（1）提交申请。申请单位应按照《农业转基因生物安全管理条例》及其配套办法、评价指南等要求填写《农业转基因生物安全评价申报书》，经申请单位农业转基因生物安全小组和单位审查同意并签字盖章后，送交至农业农村部行政审批办公大厅。

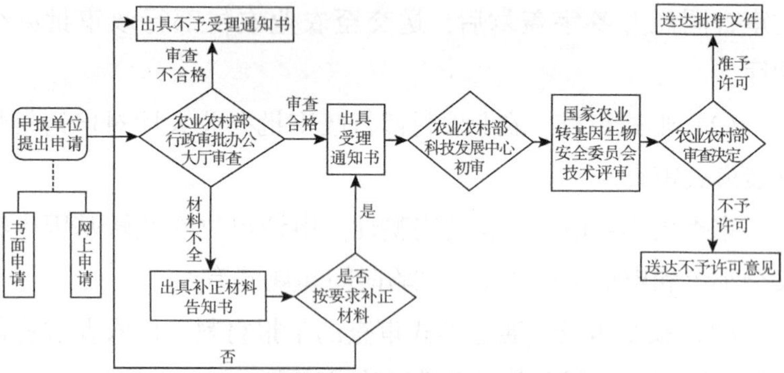

图 5-2　审批制申请流程

（2）形式审查。农业农村部行政审批办公大厅对申请材料开展形式审查。

审查内容：申请材料的完整性、申请单位农业转基因生物安全小组和申请单位意见、试验时间和规模等。

（3）初步审查。通过形式审查的申报材料，由农业农村部科技发展中心组织开展材料审查，提出意见。

审查内容：安全性评价资料的科学性、试验设计的规范性。以转基因植物为例，主要从分子特征、遗传稳定性、环境安全和食用安全 4 个方面进行风险评估。

（4）农业转基因生物安全委员会（以下简称安委会）评审。完成初审的申请材料提交至安委会进行评审。安委会评审采取会议形式进行，按照《农业转基因生物安全评价管理办法》规定，农业农村部每年组织至少 2 次安全评审会议。

根据安委会工作规则，安委会设立植物和植物用微生物、动物和动物用微生物 2 个专业组，主要负责对本专业领域的农业转基因生物安全评价申请进行评审。植物和植物用微生物专业组根据安全评价需要设置分子特征、环境安全和食用安全 3 个审查小组。

各审查小组分别对本领域的农业转基因生物安全评价申请进行审查，每位专家独立审阅申报材料，充分发表个人评审意见，并填写专家意见表。评审小组通过集体讨论、协商一致后，形成小组评审意见。各审查小组将评审意见汇总形成专业组评审意见，召开专业组会议对评审意见进行审议，并进行投票。

评审内容：安全性评价资料的科学性、试验设计的规范性。以转基因植物为例，主要从分子特征、遗传稳定性、环境安全和食用安全 4 个方面进行风险评估。

（5）审查决定。安委会秘书处整理专家评审意见后，提交农业农村部科技教育司审查。农业农村部科技教育司根据专家评审意见提出审批意见，按程序报签后制作批复文件。

（6）批件发放。向申请单位发放批复文件。涉及开展试验的，同时抄送试验所在地的省级农业行政主管部门。

第三节　国外转基因安全评价审批流程

一、美国转基因生物安全审批流程

美国转基因技术管理的风险评估制度主要有转基因田间试

验审批制度、转基因农药登记制度和转基因食品自愿咨询制度。

1. 田间试验审批制度

美国转基因田间试验审批制度由美国农业农村部执行。它主要管理转基因生物的跨州转移、进口、田间试验和解除田间种植监管4类活动，主要由美国农业农村部动植物检疫局生物技术管理办公室（BRS）负责。

美国实行专职审查员制度，一般不借助于外围专家，受理、审查、发放批件等一系列过程都在BRS内完成。田间试验审批制分3种类型：一是简化审批程序，审批时限为30天；二是标准审批程序（图5-3），审批时限为120天；三是药用工业用转基因生物审批程序，审批时限为120天。对于常规作物的审批有效期限是1年，没有续申请。审批侧重点是试验环境和安全控制措施。田间试验的评价内容由研发单位自行决定。

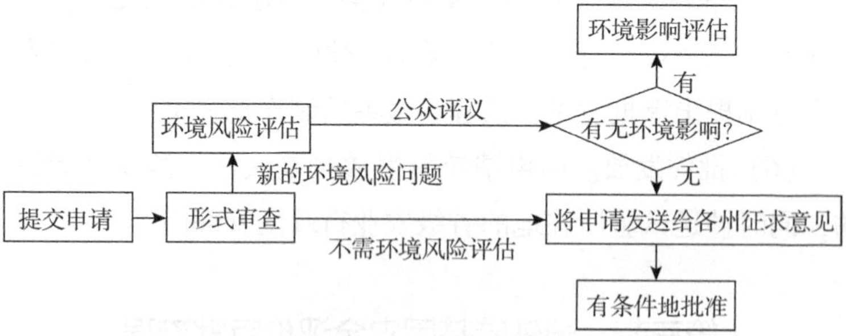

图 5-3 美国转基因作物田间试验审批程序

解除监管即生产种植的商业化许可。解除监管的转基因作物可以大规模生产种植。该程序（图5-4）审批时限依个案补充材料而不同，一般为 6 个月，少数审批长达 3~5 年，其中，联邦公告公开征求公众意见的时间为 60 天。

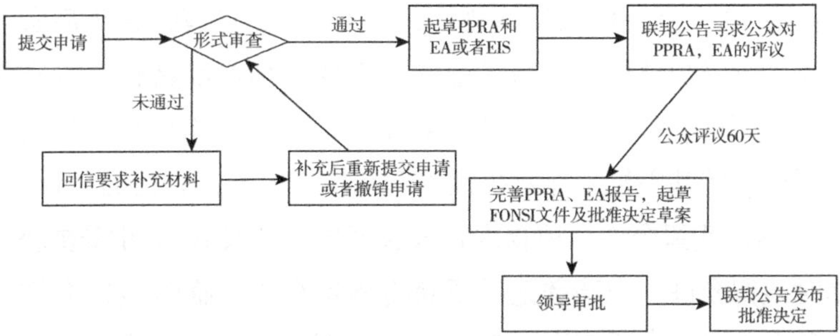

图 5-4　美国转基因作物商业化种植审批程序

2. 转基因农药登记制度

转基因农药登记制度由美国环境保护署执行。对于转基因植物，环境保护署主要对植物内置式农药试验使用许可、登记和残留允许 3 种活动进行安全评价。残留允许可以分别与试验使用许可、农药登记同时申请。生物农药与传统农药相比风险较小，因此环境保护署对植物内置式农药所要求的试验数据较少，审查时间较短。

（1）试验使用许可。如果植物内置式农药田间试验超过 10 英亩（1 英亩约为 4 047 平方米，全书同），则需要向环境保护署申请试验使用许可，一般审批需要 6 个月。植物内置式农药的试验使用必须同时获得临时残留允许。试验使用许可申请的资料和农药登记资料基本相同，某些需要通过大规模田间试验获得的资料可以暂不提供，例如蛋白表达、对非靶标生物风险评价的高级别试验资料、抗性治理以及大规模应用益处的资料。

（2）农药登记。植物内置式农药的登记程序和传统农药相同，但登记审批时间较短，一般来说，新型植物内置式农药登记需要 18 个月。根据法律规定，所有登记的农药 15 年后必须重新进行安全评价。农药登记资料主要包括产品特性、人类健康风险评价、基因漂移评价、对非靶标生物风险评价、环境流向评价、转基因抗虫作物抗性治理和植物内置式农药的益处。

（3）残留允许。植物内置式农药的试验使用许可需要获得临时残留允许，农药登记需要获得残留允许。临时残留允许和残留允许没有本质区别，只是有效期不同。残留允许主要基于农药对人类健康风险评价的资料，目前，所有植物内置式农药的残留允许均为残留免除。

3. 转基因食品实行自愿咨询制度

转基因食品实行自愿咨询制度，由美国食品和药品管理局执行。它共分为以下两个层次。

（1）转基因食品新表达蛋白的早期制度。为应对转基因生物田间试验可能造成的无意混杂，食品和药品管理局鼓励研发者在研发早期进行咨询。早期咨询主要针对转基因食品新表达蛋白的过敏性和毒性。食品和药品管理局收到申请后 15 个工作日做出受理答复，120 日内对申请评价做出答复。

（2）转基因食品上市前的咨询制度。研发者完成自我评价后，可以向食品和药品管理局申请转基因食品上市前的咨询。上市前的咨询同时针对新表达蛋白和转基因生物，新表达蛋白资料包括蛋白特性、来源、潜在毒性和过敏性、日常暴露量和营养组成等；转基因生物资料包括遗传稳定性、营养和有毒物质的组成等。食品和药品管理局收到申请后 30 日内做出受理答复，审查时间为 6 个月左右。

二、欧盟转基因安全评价审批流程

欧盟按照产品用途将转基因生物审批分为两类，第一类为用于种植的转基因生物，批准后可以在批准区域内进行环境释放；第二类为用作食品、饲料的转基因生物，批准后可投放市场。申请有意环境释放或产品投放市场的转基因生物审批过程一般分为 3 个阶段：提交申请、风险评估、多层决策。以用作食品、饲料的转基因生物申请为例。

第一阶段：提交申请（图 5–5）

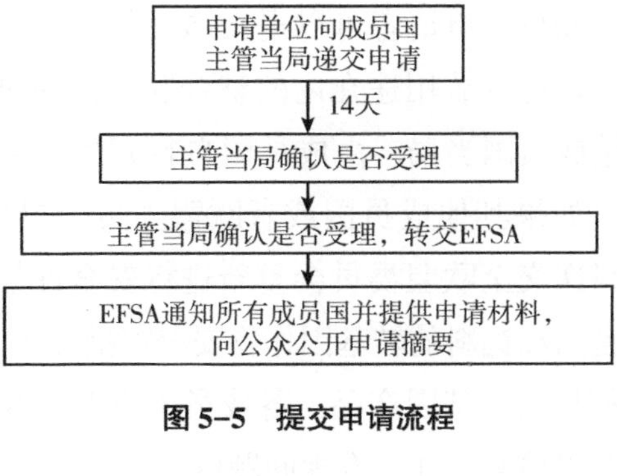

图 5–5 提交申请流程

第二阶段：风险评估（图 5–6）

第三阶段：多层决策（图 5–7）

申请在欧盟成员国境内种植转基因生物，参照 18/2001/EC

图 5-6　风险评估流程

号《转基因生物有意环境释放指令》，由 EFSA 对其进行环境影响评估，其申请及审批程序与上述程序大致相同。

若有需要同时获得转基因生物作为食品和饲料用途以及有意环境释放的授权，申请者可以提交同时包含用于食品和饲料以及用于有意环境释放用途在内的整合安全评估资料，并将申请资料提交给成员国当局，由成员国自行开展风险评估。获得评估结果后，如果其他成员国或者欧盟委员会提出反对意见，需将申请资料递交至欧盟委员会重新进行安全评估，审批程序与上述用作食品和饲料的转基因作物安全审批程序大致相同。

对于已授权的转基因产品，各成员国农业农村部门可对这些产品进行监督检查，如果发现问题可以申请召回。

三、澳大利亚转基因安全审批流程

澳大利亚转基因生物的安全评价主要由澳大利亚新基因技

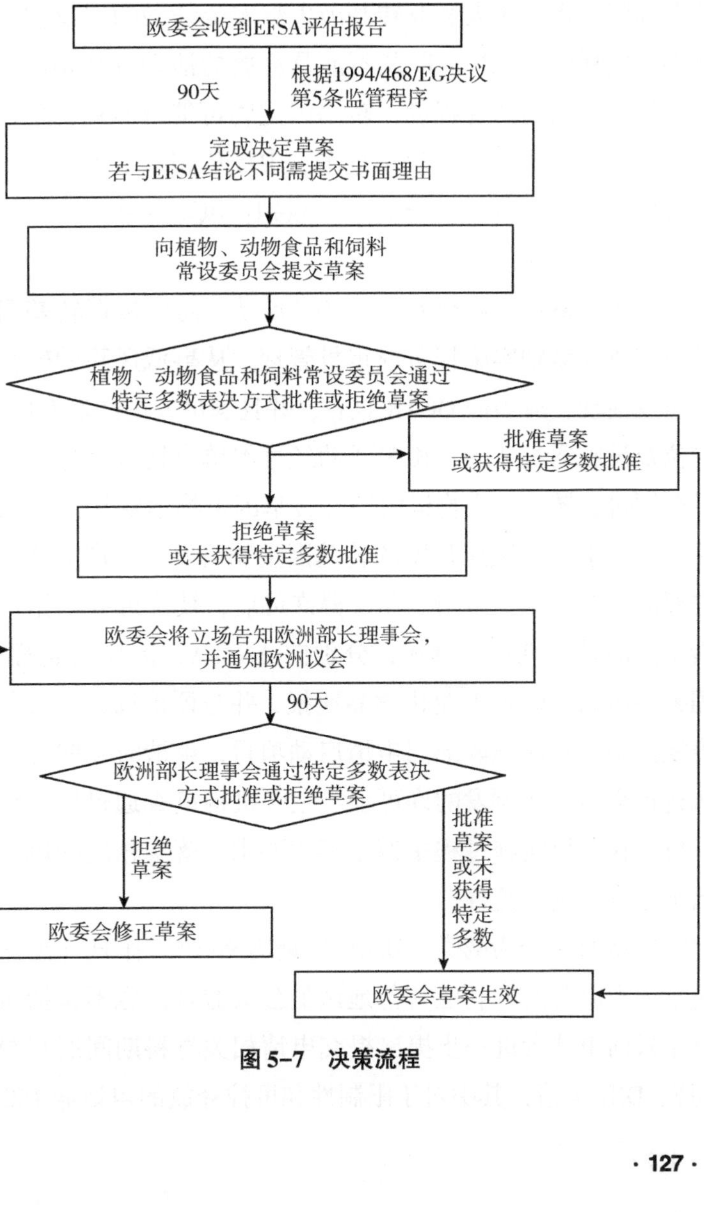
欧委会收到EFSA评估报告
90天
根据1994/468/EG决议
第5条监管程序
完成决定草案
若与EFSA结论不同需提交书面理由
向植物、动物食品和饲料
常设委员会提交草案
植物、动物食品和饲料常设委员会通过
特定多数表决方式批准或拒绝草案
批准草案
或获得特定多数批准
拒绝草案
或未获得特定多数批准
欧委会将立场告知欧洲部长理事会，
并通知欧洲议会
90天
欧洲部长理事会通过特定多数表决
方式批准或拒绝草案
拒绝
草案
批准
草案
或未
获得
特定
多数
欧委会修正草案
欧委会草案生效

图 5-7　决策流程

术管理办公室（OGTR）和澳大利亚新食品标准局（ANZFA）两个部门负责。澳大利亚转基因生物安全证书的申请主要分为从事环境释放（DIR）以及不涉及释放的活动（DNIR）。根据对人体或动物的伤害程度，转基因生物可能导致的危害分为4个级别：非常小危害、较小危害、中级危害、重大危害。与基因技术相关活动的风险分为4个级别：风险忽略、低风险、中等风险、高风险。

从事转基因生物研发、生产等活动，需要根据转基因生物的不同风险级别实施报告或审批管理。从事低风险的转基因生物研发活动，应当向OGTR报告，并且满足人员经过专门培训、单位及设施通过认证、相关活动经过本单位转基因生物安全委员会评价、转基因生物运输按《转基因生物运输指南》执行等要求。从事其他风险程度的转基因生物研发、生产等活动，首先要向OGTR提出申请。在获得许可后，被许可人根据所从事转基因活动的性质、领域，分别向ANZFA、治疗用品管理局、国家注册局、国家工业化学品通报，并与评价局、澳大利亚检疫检验局等具体职能部门申请启动项目，申请时须向这些主管机构提交OGTR颁发的许可证。主管机构审查通过后，将对被许可人在项目实施过程中遵守相关要求、落实相应的风险管理措施等方面进行监督。

审批时限分为两类：DNIR申请需90个工作日（工作日不包括周末以及澳大利亚首都地区的公共假日，也不包括执行长官正式向申请者进一步提出提交申请相关材料期间所花费的时间）。DIR申请，其中对于限制性和可控释放的申请需150个工作日（如果发现有显著风险，则170个工作日），对于限制性和可控释放以外的申请需255个工作日。DIR和DNIR的审批流程分别见图5-8和图5-9。澳大利亚转基因证书免费申请，但基因技术专员可在履行基因技术专员职责过程中，对其提供的或者以其名义提供的服务收取费用。

四、巴西转基因安全审批流程

转基因生物及其产品在国家生物安全技术委员会（CTNBio）或国家生物安全理事会（CNBS）经过安全检测作出批准决定以后，政府相关部门负责其职责范围内的管理工作（图5-10）。

农业农村部负责用于动物、农业生产及相关领域的转基因生物及其产品的注册、审批和监控。

卫生部所属相关机构负责用于人类、药物、家庭清洁及相关领域的转基因生物及其产品的注册、审批和监控。

环境部所属相关机构负责对释放到自然生态系统的转基因生物及其产品的注册、审批和监控，对经CTNBio认定为可以在自然界降解的案例予以许可。

总统办公室水产养殖和渔业特别秘书处对用于水产养殖和渔业的转基因生物及其产品予以注册和批准。

政府有关部门对转基因生物和产品的上述审批在120天内完成，如有特殊情况，最多可延长到180天。

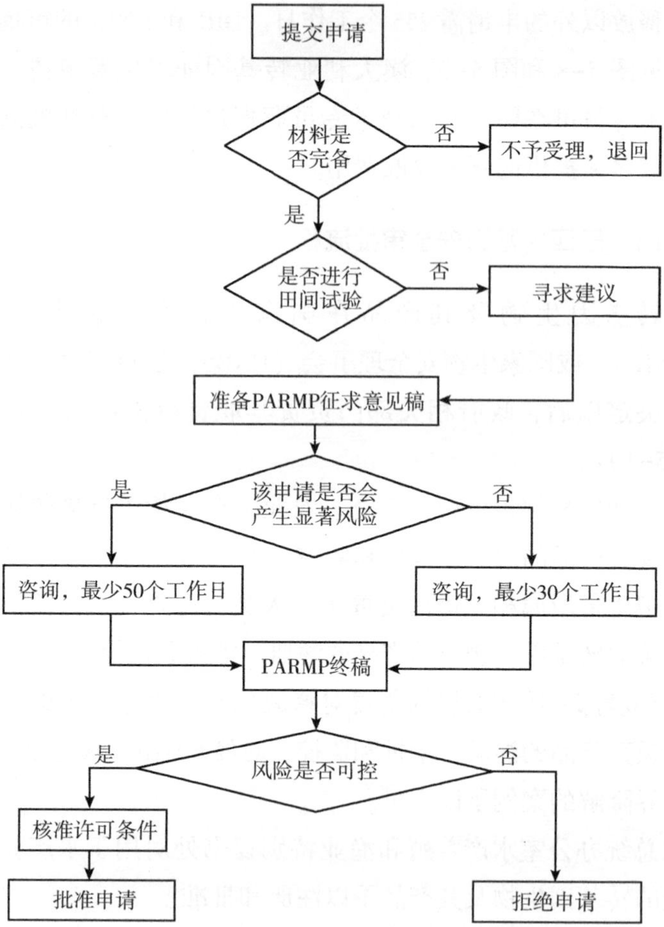

图 5-8　DIR 申请审批流程

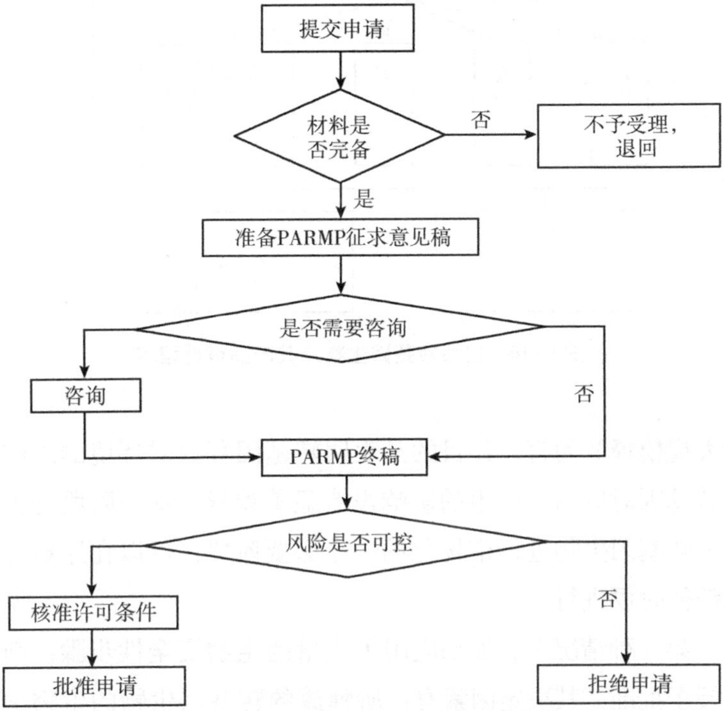

图 5-9　DNIR 申请审批流程

五、阿根廷转基因生物安全审批流程

1. 审批制度

转基因植物所获准的审批类型：①就转基因植物的试验释放而言，考虑批准温室和田间测试；这被称为最初的评估阶段，目的是确定对环境影响的潜力不显著。②就称为第二评估阶段

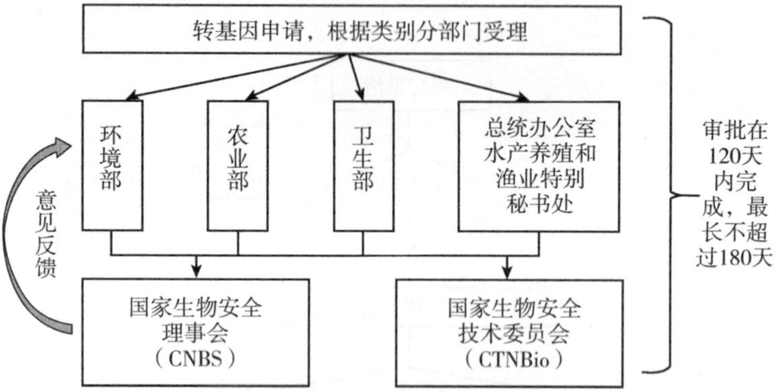

图 5-10　巴西转基因生物及其产品审批程序

的大规模释放而言，其目的是表明转基因释放对环境的影响与非转基因对应物所产生的影响没有显著差异。这一阶段是批准某一转基因生物进行市场化的一个必要阶段，可以在原料开发的任何时候进行。

第一种情况下，如果应用了大量的生物安全性步骤，则可以授予批准，其决定因素有：所释放的转基因生物的生物学性质、进行测试的农业生态系统的特征以及必要的安全性步骤的遵守程度。

就第二种情况而言，在未来转基因生物释放到环境中时，需提供下列信息：浅播、待播种的材料的量、播种日期、释放的位置、材料收获和有效精选的日期和量、拟进行释放的生物安全性条件。

2. 审批流程

实验—田间释放—商业化种植（图 5-11）

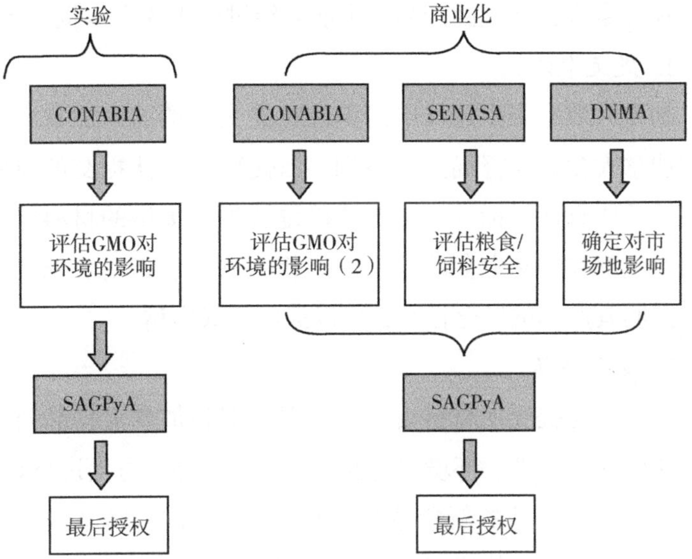

图 5-11　阿根廷转基因生物审批流程

六、加拿大转基因安全审批流程

加拿大将转基因生物研究划分为实验研究和环境释放两个阶段，进行转基因生物的实验研究不需经过审批，进行环境释放则需要研发者遵循加拿大卫生部和加拿大食品监督局的相关法规、指南进行申请，获得批准后方可开展。

根据环境释放的试验目的和控制条件，又可分为限制性释放和非限制性释放。限制性释放是以科研为目的，在限制性条件下采取隔离措施进行的环境释放，同时对收获材料限制使用。非限制性释放是以商业化为目的，批准后可不受限制种植与使用材料，申请非限制性释放是转基因产品商业化的必要条件。

在加拿大，转基因产品上市前需经过以下 3 个审批步骤。

1. 提交申请

加拿大政府强烈建议申请单位在提交申请前向加拿大卫生部和加拿大食品监督局进行咨询，以便事先确认提交的材料满足涉及的所有评估标准。当申请单位认为其提供的材料符合加拿大卫生部和加拿大食品监督局的相关法规、指南要求，并可充分证明其产品的安全性时，可以提出正式申请。

2. 安全评估

申请单位提交的材料由加拿大卫生部和加拿大食品监督局分别从食品安全性、环境安全性和饲用安全性 3 方面进行评估。

加拿大卫生部的新食品处（NFS）负责进行转基因产品的食品安全评估，评估流程如图 5-12 所示。

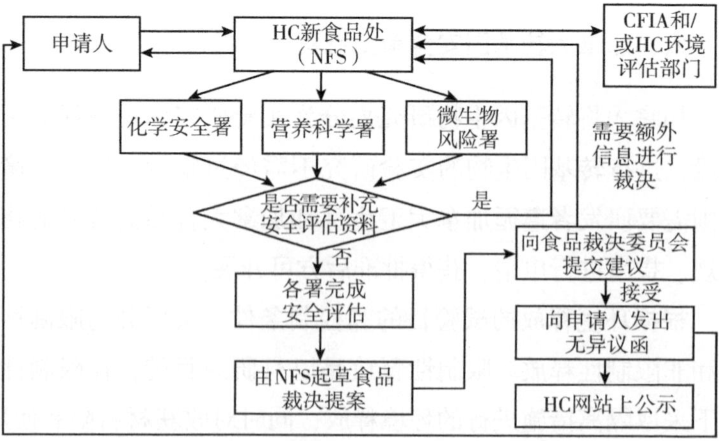

图 5-12　加拿大转基因食品安全评价程序

加拿大食品监督局的植物生物安全办公室（PBO）和饲料处（FS）分别负责进行转基因产品的环境安全评估和饲用安全评估，评估程序与食品安全评估类似。

3. 批准

加拿大卫生部和加拿大食品监督局完成食品安全性、环境安全性和饲用安全性 3 方面评估后，最终决定是否批准所审查的产品。对于通过安全评价批准上市的转基因产品，加拿大在种植上将不作继续监管，在运输和仓储上采取混收、混储、混运，对转基因与非转基因不再区分。

七、日本转基因安全审批流程

日本按照转基因生物的特性和用途，将转基因生物安全管理分为实验室研究阶段安全管理、食品安全评价、饲料安全评价和环境安全评价。

1. 实验室研究阶段安全管理

日本文部科学省依据《重组 DNA 实验准则》对实验室及封闭温室内的转基因生物研究进行规范，力求从源头上降低风险。研究单位根据文部科学省的规定，结合各自单位的实际情况，成立了转基因生物安全管理委员会（小组），并制定了转基因生物安全管理实施细则，规范本单位的转基因生物研究工作。

2. 食品安全评价

日本厚生劳动省和日本内阁办公室依据《转基因食品和食品添加剂安全评价指南》对食品和食品添加剂实施安全评价。

日本厚生劳动省负责受理安全评价申请，日本内阁办公室的食品安全委员负责安全评价的实施，并将评价结果通过日本厚生劳动省反馈给申请单位（图5-13）。

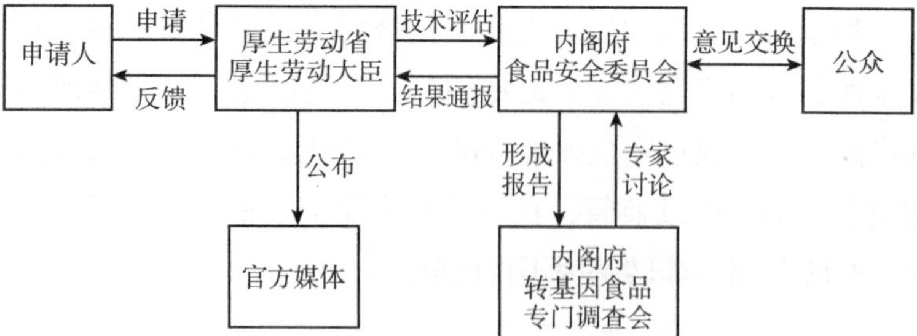

图5-13　日本转基因食品安全评价程序

3. 饲用安全评价

日本农林水产省和内阁办公室依据《转基因饲料安全评价指南》和《在饲料中应用重组DNA生物体的安全评估指南》对饲料和饲料添加剂进行安全评价，评价程序与转基因食品基本相同。

4. 环境安全评价

日本农林水产省依据《在农业、林业、渔业、食品工业和其他相关部门应用重组DNA生物指南》对转基因生物进行环境安全评价。评价过程分两个阶段：一是隔离条件下的试验，相当于中国的中间试验阶段；二是开放环境下的种植，获得批准后可申请用作食品和饲料。

八、韩国转基因安全审批流程

韩国转基因生物的审批需要通过环境风险和食品安全评估。多家机构共同参与了转基因生物的评估工作，农村发展管理局对饲料中的转基因成分进行环境风险评估，同时，还会与国家环境研究所（NIER）、国家渔业研究开发所（NFRDI）和韩国疾病预防控制中心（KCDC）3 个部门协商。食品药品管理局对粮食中的转基因成分进行安全评估，同时，还会与农村发展管理局国家环境研究所和国家渔业研究开发所协商。

食品药品管理局有 3 个审批类别，包括完全批准和两类有条件批准。“完全批准”发放给商业化生产和进口的用于人类食用的转基因作物；“有条件批准”适用于已经中止的或者不是为了人类食用而商业化种植的作物。

在韩国，转基因产品上市前需经过以下两个审批步骤。

第一阶段：安全性审查。

申请单位提交的材料由农村发展管理局和食品药品管理局分别从食品安全性和环境安全性两个方面进行安全性审查，流程如图 5-14 所示。

第二阶段：征求公众意见。

农村发展管理局和食品药品管理局完成安全性审查后，将审查结果在网站上进行公示，征求国民意见。公众无意见，批准最终审查结果，并通知研发者。流程如图 5-15 所示。

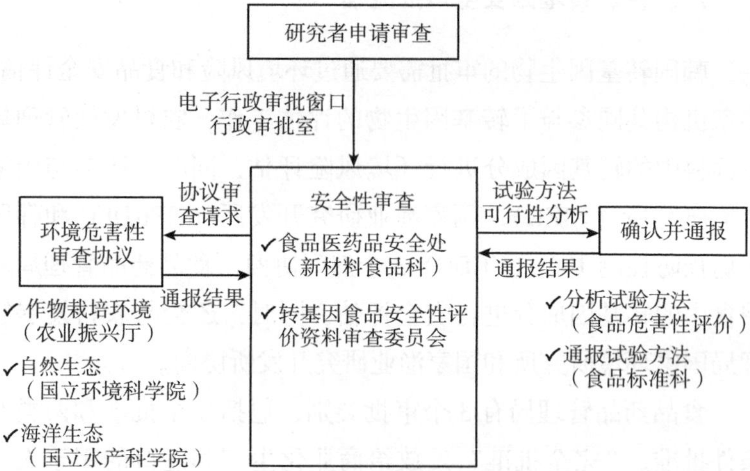

图 5–14　安全性审查流程

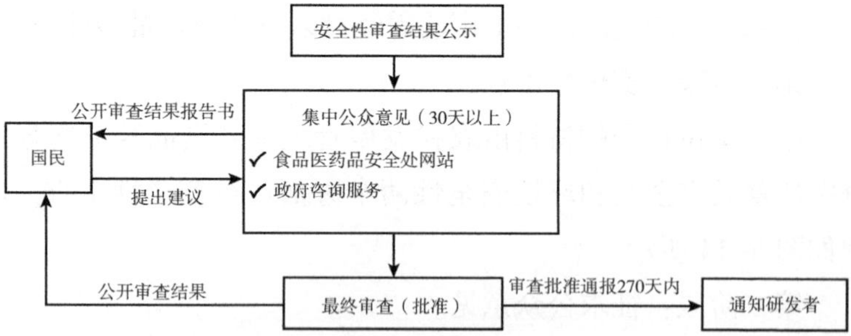

图 5–15　征求公众意见流程

九、印度转基因安全审批流程

转基因技术研究在印度开展得比较早，在许多层面也具有较高的水平。目前，印度是全球第一大转基因棉花生产国，抗虫棉的种植为农民带来了可观的经济效益。其转基因生物安全的审批分为以下 3 步（图 5-16）。

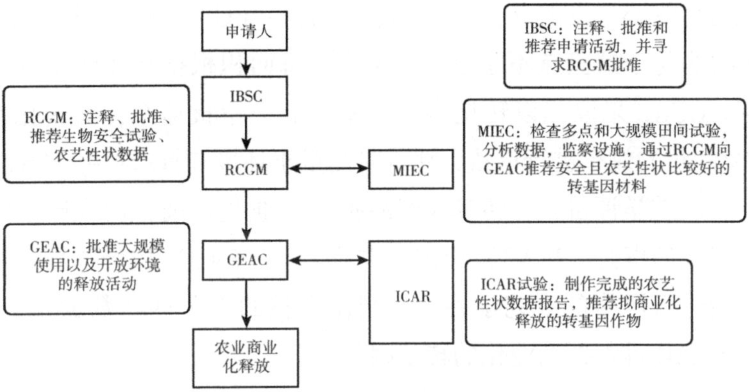

图 5-16　印度转基因作物审批的简化流程

第一步：审查申请

在印度，任何进行转基因技术研究与应用的机构都要成立生物安全委员会（IBSC），其成员包括本机构的科学家和科技部委派人员。IBSC 负责审查本单位所有涉及转基因生物安全的研究和开发申请，主要对申请的研究水平和可操作程度作出评价。审查合格后向科技部下设的遗传操作审查委员会（RCGM）提交。

第二步：安全评价

转基因植物上市前的安全评价需要进行 3 个阶段的试验。

封闭试验（实验室和温室实验）：申请单位前期在实验室和温室进行的研发试验由 IBSC 批准并审核。

田间试验：田间试验分为生物安全研究 1 级试验和生物安全研究 2 级试验。1 级试验由 RCGM 负责审批，试验规模为每个试验点不超过 1 英亩①，总共不超过 20 英亩；2 级试验由环境与林业部下设的基因 T 程审批委员会（GEAC）审批，试验规模为每个试验点不超过 2.5 英亩，总面积根据转化体个数而定。GEAC 采取“以转化事件为基础的”审批体系，对转化事件/性状的效率进行审核，评价时侧重于环境和食/饲用安全性。

农艺学评价：在转基因产品批准商业化之前，需在印度农业研究理事会（ICAR）或国家农业大学（SAU）监督指导下在田间进行严格的农艺学评价，制作完整的农艺性状数据报告，向 GEAC 推荐拟商业化的转基因作物。

第三步：批准

完成上述试验后，申请单位向 GEAC 提交安全证书申请，最终由 GEAC 发放安全证书，并批准商业化释放。

---

① 1 英亩≈4 046.86m^2

附　录

全球七大科学院联合声明支持转基因技术

2000年7月11日，巴西科学院、中国科学院、印度科学院、墨西哥科学院、英国皇家学会、美国科学院以及第三世界科学院全球7大科学院在美国华盛顿联合发表白皮书，公开支持转基因技术研究。据悉这是全球权威科研机构首次对备受争议的转基因技术作出公开表态。

这份包括5个发展中国家的科学院参与的白皮书，详细阐明了生物技术在消除第三世界国家的饥饿与贫穷方面不可替代的作用，呼吁各国政府从科学的角度重新考虑制定生物技术政策，鼓励发达国家企业和研究机构对转基因技术进行进一步的研究，并能与发展中国家的科学家和农民分享它们的研究成果。报告在肯定了转基因技术等生物技术对人类未来的巨大贡献时，并没有回避转基因技术存在的潜在危害。他们还提醒公众，转基因等生物技术是人类改造自然的伟大创举，对医药业、农业都有重要作用，只要加强监管和遵循科学家的道德精神，人类完全可以控制转基因技术可能导致的负面影响。正如人类发明了核能并成功应用于和平一样。

科学家支持农业生物技术的声明

美国 Tuskegee 大学 Prakash 教授 2000 年 1 月起草，已征集到世界上 25 位诺贝尔奖获得者和 3500 多位著名科学家的签名，包括 DNA 双螺旋结构的发现者、诺贝尔得奖主 James Watson，绿色革命的创始人、诺贝尔奖得主 Norman Borlaug，世界粮食奖获得者、国际水稻研究所首席育种家 Gurdev Khush，宣言的内容和签名者的名单可以在生物农业基金会网站 http：//www.agbioworld.org/上查阅到。以下是宣言全文的翻译稿。

以科学研究领域成员之身份在下面署名的我们，坚信重组 DNA 技术是有效的、安全的生物修饰手段，它可以通过改善农业、卫生保健和环境而极大地提高生活质量。

对植物进行负责任的遗传修饰既不新鲜也不危险。通过传统的有性杂交和细胞培养的手段将如抗病、抗虫等诸多性状导入作物中已是常规方法。与传统方法相比，通过重组 DNA 技术将新的或不同的基因导入到有机体中并不一定会有新的或更大的风险，而且商业化产品的相对安全性则通过当前的食品安全管理条例得到了进一步的保障。新的遗传学工具为作物的遗传改良提供了更大的灵活性和精确性。

无论通过重组 DNA 技术还是更为传统的方法生产的食品没有一个是完全没有风险的。食品的危险性取决于食品及所利用的特定基因所具有的生物学特性，而不在于其研发过程。作为科学家，我们的目标是确保通过重组DNA技术所产生的任何新的食品是安全的或比已被消费的食品更为安全。

现有的管理和研发方法是行之有效的。重组DNA技术已经被用于研发环境友好型的作物。这些作物既可保持产量，又会让种植者减少人工合成的杀虫剂和除草剂。下一代产品将会为消费者提供更大的利好，如增强营养、提供健康的食用油、提高维生素含量、延长保存期、改进医药等。

通过合理的部署，生物技术还能通过提高农业生产力和增加营养安全来解决发展中国家的环境退化、饥饿、贫穷等问题。国际性的农业中心、大学、公共研究机构和其他地方的科学家，已经启动研发特别适用于发展中国家的产品。

在此，我们支持重组DNA技术对于建立高产和可持续的农业系统是一项大有潜力的手段。我们还敦促决策者们使用合理的科学性原则管理重组DNA技术生产的产品，基于这些产品的特性评估这些产品，而不再纠缠于其研发的过程。

参考文献

陈洁君，张维，宛煜嵩，等. 2011. 全球转基因作物发展现状及趋势［J］. 农业生物技术学报，19（2）：369，371-374.

高崇明，张爱琴. 2004. 生物伦理学十五讲［M］. 北京：北京大学出版社.

连丽霞，王永佳. 2010. 美国与欧盟各国转基因食品安全管理比较研究［J］. 中国农业科技导报，12（5）：51-56.

刘永东，王云山，苏志国. 2003. 重组人血清白蛋白生产工艺研究进展［J］. 微生物学通报，30（5）：128-132.

祁潇哲，黄昆仑. 2013. 转基因食品安全评价研究进展［J］. 中国农业科技导报，15（4）：14-19.

孙彩霞，刘信，徐俊锋，等. 2009. 欧盟转基因食品溯源管理体系［J］. 浙江农业学报，21（6）：645-648.

王军政，彭爱红，姚利晓，等. 2011. 转基因植物疫苗的研究进展［J］. 湖北农业科学，50（17）：3471-3475.

王忠华，谢建坤，夏英武. 2002. 转基因技术在作物抗旱改良中的应用［J］. 生命科学，14（4）：242-244.

吴俊彦. 2012. 美国转基因作物发展动态综述［J］. 黑龙江农业科学（2）：21-23.

夏玉平，卢长明. 2010. 美国转基因作物田间试验频次分析［J］. 农业生物技术学报，18（1）：163-173.

熊本海，李奎，罗清尧，等. 2012. 转基因产品可追溯管理及溯源技术研究进展［J］. 农业生物技术学报，20（8）：965-970.

张晓强. 2005. 中国高技术产业发展年鉴（2005）［M］. 北京：北京理工大学出版社.

卓勤. 2014. 各国转基因食品标识管理［J］. 食品安全导刊（11）：23-24.

